Minerales y Rocas de la provincia de Jaén

MINERALES Y ROCAS DE LA PROVINCIA DE JAÉN

María Isabel Abad Martínez
José Miguel Molina Cámara

Universidad de Jaén

Abad Martínez, María Isabel

Minerales y rocas de la provincia de Jaén / María Isabel Abad Martínez , José Miguel Molina Cámara. -- Jaén : Servicio de Publicaciones, Universidad de Jaén, 2012. -- (Jaén en el bolsillo)

233 p. ; 12x17 cm
ISBN 978-84-8439-687-1
1. Mineralogía 2. Minerales 3. Rocas 4. Jaén (Provincia) I. Molina Cámara, José Miguel, coaut. II. Universidad de Jaén. Servicio de Publicaciones, ed. III. Título
549(460.352)

Primera edición, diciembre 2012

DISEÑO Y MAQUETACIÓN
Servicio de Publicaciones

ISBN
978-84-8439-687-1

DEPÓSITO LEGAL
J-1438-2012

EDITA
Publicaciones de la Universidad de Jaén
Vicerrectorado de Extensión Universitaria, Deportes y Proyección Institucional
Campus Las Lagunillas, Edificio Biblioteca
23071 Jaén (España)
Teléfono 953 212 355 – Fax 953 212 235
servpub@ujaen.es

IMPRESO POR
Gráficas «La Paz» de Torredonjimeno, S. L.
Avda. de Jaén, s/n
23650 Torredonjimeno (Jaén)
Teléfono 953 571 087 – Fax 953 571 207

Impreso en España

Impreso en papel ecológico y reciclado

Agradecimientos

Al Servicio de Publicaciones de la Universidad de Jaén, por hacer posible la publicación de este libro, que aunque de carácter divulgativo, ha conllevado una labor importante de recopilación y síntesis de material bibliográfico y de toma y preparación de imágenes.

Al Departamento de Geología de la Universidad de Jaén.

Al Museo de Ciencias Naturales de Viso del Marqués (Ciudad Real), al Departamento de Mineralogía y Petrología de la Universidad de Granada y al Museo Geominero de Madrid (I.G.M.E.), por facilitarnos el acceso y la toma de imágenes de las muestras expuestas procedentes de la provincia de Jaén.

Al Dr. Pedro Alejandro Ruiz Ortiz por su incondicional apoyo, la revisión del texto y figuras, las gestiones realizadas en el Servicio de Publicaciones de la Universidad de Jaén y la escritura del prólogo de esta obra. Nuestro agradecimiento especial al Dr. Matías Reolid Pérez por su participación activa en la toma de imágenes y en la aportación de material.

Gracias a D. Felipe Abolafia por poner a nuestra disposición su colección de minerales.

Índice

Prólogo

Hace ya cuatro años que sacamos el primer número, y único hasta el momento, de la colección Jaén en el Bolsillo dedicado a temas geológicos. Concretamente fue el libro "Fósiles de la provincia de Jaén". En su prólogo ya escribía que esta es una de las vías que tenemos para devolver a la sociedad el sustento que nos proporciona y que nos permite dedicarnos al cultivo y la transmisión del conocimiento. Por eso hoy estamos de enhorabuena. Un nuevo texto ve la luz y viene a proporcionarnos una recopilación de información de la que hasta ahora no disponíamos. El libro que tenemos entre las manos está dedicado a los *Minerales y Rocas de la provincia de Jaén.*

Los minerales: ¿Quién no ha coleccionado minerales siendo niño o muchacho? ¿Quién no se siente atraído por la belleza de una esmeralda, de un diamante o de un cristal cúbico de pirita, tan perfectamente cristalizado que parece imposible lo haya generado la naturaleza? No son pocas las personas que a la vista de esos cristales preguntan quién los talló con esas formas tan perfectas: la respuesta es que lo hizo la naturaleza, y no están tallados sino que han crecido así de perfectos. ¿Y qué decir de los cristales de yeso gigantes de las cuevas de Naica, en México, de hasta 10 metros de longitud, que apuntan a ser reconocidos como una de las grandes maravillas de la Naturaleza? Más cerca de nosotros, en Pulpí (Almería), también tenemos una geoda gigante con cristales de yeso del tamaño de personas. Pero ¿Y en Jaén? ¿Y en la provincia de Jaén? ¿Qué tenemos? ¿Tenemos alguna de esas maravillas? ¿Qué riqueza mineral tiene la provincia de Jaén?

Como dicen los autores en un párrafo del libro: "Si se tienen en cuenta las particularidades naturales e históricas de la provincia jiennense, lo más destacado desde el punto de vista mineral son los minerales metálicos dotados, en buena parte, de interés económico. En Jaén ha habido durante mucho tiempo importantes explotaciones mineras en los distritos de Linares, La Carolina y Santa Elena, ya conocidas antes de la dominación romana. Entre 1875-1920, estos distritos mineros llegaron a ser, incluso, los máximos productores mundiales de plomo". Este hecho, suficientemente conocido en el pasado inmediato de nuestra provincia, da una impronta característica a la mineralogía de la provincia de Jaén.

Pero el libro va más allá. Y proporciona al aficionado, o a todo aquel que de forma puntual se interese por el tema, una introducción en la que se resume el concepto de mineral, la estructura interna de los minerales, destacando su característica más crítica, el orden interno que adoptan sus partículas constituyentes y que es el que determina la formación de cristales; un resumen de las propiedades físicas de los minerales, muchas de las cuales son fundamentales en la determinación de minerales a simple vista; una clasificación simplificada de los minerales y, finalmente, la parte más amplia y que más destaca: una relación sistemática y exhaustiva de los minerales más importantes, por su abundancia o por su interés estético o científico, que podemos encontrar en la provincia de Jaén. Para cada mineral se dan datos sobre su composición, estructura, origen, características para identificarlo, minerales con los que se puede confundir, usos… y, lo que es más importante, una relación muy completa de las localidades de la provincia donde podemos encontrarlo, lo que a buen seguro hará las delicias de los coleccionistas.

Sigue después una sección dedicada a las rocas. Rocas es lo que vemos cuando andamos por el campo. Las rocas están siempre ahí, solo una observación minuciosa de un entorno puede ponernos en evidencia la presencia de minerales que, como excepciones, aparecen concentrados en una fractura, en un hueco (una geoda)... o en las escombreras de una explotación minera; pero la roca siempre está a la vista, es lo que solemos ir pisando por el campo en ausencia de un suelo, es decir, de esa capa intermedia entre la litosfera y la biosfera, en cuya formación han participado también la hidrosfera y la atmósfera, y que constituye el asiento de las plantas. En nuestra provincia, al caminar por el campo, a excepción de cuando andamos por entre olivares y alguna otra zona de cultivo como, por ejemplo, las terrazas fluviales, y no siempre, lo normal es que vayamos pisando rocas, duras, como las calizas o el granito, o blandas, como las margas o las lutitas (limos y arcillas). Por eso es tan importante conocer las rocas. Son como los grandes cuadros que hay colgados en el museo vivo que constituye la naturaleza. Solo cuando las observemos en detalle, a simple vista, o con la ayuda de la lupa, podremos ver sus constituyentes que, en el caso de las rocas endógenas (por ejemplo, granitos), son sus minerales y en el caso de otras rocas, como las calizas, son partículas en muchos casos de origen biogénico o, directamente, restos de fósiles.

Tras la definición del concepto de roca y de presentarnos una clasificación simplificada de las mismas, se recogen en esta obra las rocas que conforman la provincia de Jaén. Es muy ilustrativa la figura 12, en la que se presenta un mapa geológico de la provincia de Jaén con la distribución de las rocas aflorantes en cada una de las zonas diferenciadas. De este modo podemos saber, a priori, qué tipo de rocas vamos a encontrarnos cuando vayamos de excursión o a dar un paseo por el campo por cada una de estas zonas. Para cada tipo de roca se da su clasificación genética, su composición mineralógica o, en su defecto, algunas otras características de su constitución, sus usos, en su caso, y la localización de sus afloramientos. Concluye la sección con un apartado dedicado a las rocas industriales, tan importantes en la provincia (véase el caso de las arcillas de Bailén) y con un importante potencial de cara a posibles futuras explotaciones.

Además, la obra nos ofrece una introducción ilustrada a la geología de la provincia de Jaén, que siempre es necesaria para no forzar al lector a buscar sus fundamentos en otras obras. Un glosario básico, después de la bibliografía, donde podemos encontrar definiciones precisas sobre muchos de los términos que son utilizados en el texto y un índice alfabético de minerales y otro de rocas. Las imágenes en color que siguen a continuación, ya al final de la obra, son sin duda la parte más atractiva de la misma. Poco valdría todo el texto que les precede sin estas imágenes. Se trata de más de 100 imágenes de minerales y rocas, distribuidas aproximadamente al 60/40 %, que incrementan exponencialmente el valor de un libro de estas características. Hay que agradecer al Servicio de Publicaciones de la Universidad de Jaén, y especialmente a sus responsables, haber sabido apreciar la necesidad de la fotografía en color para esta materia, ya que somos conscientes del coste adicional que supone para cualquier publicación las imágenes en color. Para su satisfacción, hay que decir que no solo los autores, el coordinador de la colección que les escribe, o los especialistas, sino todos los aficionados a la mineralogía, los amantes de la naturaleza y los lectores en general, sabrán también apreciarlo y agradecerlo.

Y antes de presentar a los autores, quisiera expresar el deseo de poder estar de vuelta con todos ustedes en un plazo breve con la siguiente de las obras de geología de la colección "Jaén en el bolsillo", que de acuerdo con la programación que ya presentara en el prólogo del libro *Fósiles de la provincia de Jaén,* versará sobre los puntos de interés geológico de la provincia.

María Isabel Abad Martínez es una joven y brillante Profesora Titular de Cristalografía y Mineralogía en el Departamento de Geología de la Universidad de Jaén. Terminó sus estudios de la Licenciatura en Ciencias Geológicas en la Universidad de Granada a la vez que los de Profesora de Piano en el Conservatorio Superior de Música de la misma ciudad, lo que no fue obstáculo para que obtuviera las mejores calificaciones: Premio al mejor expediente en Ciencias Geológicas, Premio al mejor expediente de la Universidad de Granada y Premio Nacional Fin de Carrera. Se doctoró en la misma Universidad, donde también obtuvo el Premio Extraordinario de Doctorado de la sección de Ciencias Geológicas concedido por la Academia de Ciencias Matemáticas, Físico-Químicas y Naturales de Granada correspondiente al año 2002. Además, ha realizado estancias de hasta seis meses de duración en universidades y centros de investigación extranjeros para ampliar su formación, como la Johns Hopkins University, Baltimore (EEUU), o la University of Michigan, Ann Arbor (EEUU). Pese a su juventud, es poseedora de un extenso currículo en el que figuran más de medio centenar de contribuciones a congresos y más de una veintena de publicaciones en revistas de primera fila internacional, como Geology, Tectonophysics, Clays and Clay Minerals o Sedimentary Geology, entre otras. La Profesora Abad tiene también experiencia en el campo de la gestión académica y científica, plano en el que destaca su papel en la Sociedad Española de Mineralogía de la que es vicesecretaria y en la que ya está previsto que se hará cargo de la Secretaría a principio del año entrante. Revisora de artículos en revistas de difusión internacional, su febril actividad docente e investigadora queda recogida en algunas cifras: como haber participado en más de 17 proyectos de investigación en los últimos 12 años, o haber realizado más de 40 cursos de perfeccionamiento, proyectos de innovación, talleres y otras actividades ligadas a la docencia, en los últimos 10 años. Junto a ello, Isabel, castellana sobria, celosa guardiana de su tiempo, cultiva una interesante mezcla entre la rigurosidad que rezuma su disciplina y su innata dulzura.

El Profesor Molina Cámara, José Miguel, es Catedrático de Estratigrafía en el Departamento de Geología de la Universidad de Jaén y Consejero de Número del Instituto de Estudios Giennenses. El Profesor Molina tiene una amplia y dilatada trayectoria universitaria, siempre ligada a

Jaén y sus centros universitarios. Fue profesor del Colegio Universitario de Jaén, donde comenzó su andadura universitaria allá por el mes de octubre de 1981. Es el autor de la primera tesis doctoral que se defendió en el campus de Jaén en 1987, hecho que recientemente fue recordado por la prensa local al cumplirse 25 años de tal paso adelante en la historia universitaria provincial. Tras la defensa de su tesis doctoral, que versó sobre el Subbético del sur de las provincias de Córdoba y Jaén, el Profesor Molina obtuvo, por oposición, su plaza de Profesor Titular de Universidad para, posteriormente, ya en 1999, ganar brillantemente la cátedra de Estratigrafía que hoy ocupa. Ha sido miembro activo de la universidad en todas las fases por las que han pasado los centros universitarios de Jaén en los últimos 30 años. Fue vicedecano de la Facultad de Ciencias Experimentales de la Universidad de Jaén y ha sido Director del Departamento de Geología de nuestra universidad. Miembro del Claustro, del Consejo de Gobierno, de la Comisión de Investigación y de la Comisión de Contratación de la Universidad de Jaén, entre otros cargos, el profesor Molina siempre ha estado presto a participar en la vida universitaria. Pero todo ello a la vez que conformaba un extenso y riquísimo currículo, en el que ya, superado el centenar de publicaciones, es difícil hacer extractos y resúmenes.

Baste decir que ha publicado en revistas de la talla de Basin Research, Terra Nova, Sedimentary Geology, Palaeo3, Cretaceous Research, Facies,... entre otras muchas, o en libros editados por Springer-Verlag o la Geological Society of America. Es co-autor de los dos libros sobre la Geología de España que se han editado en la última década, uno en inglés, publicado por la Geological Society de Londres y otro en español, publicado por el Instituto Geológico y Minero de España y la Sociedad Geológica de España. Es miembro de la Sociedad Geológica de España, de la International Association of Sedimentologists y de la Society for Sedimentary Geology (EEUU). Forma parte del comité editorial de varias revistas científicas, como la Revista de la Sociedad Geológica de España, y es revisor habitual de artículos para revistas científicas nacionales e internacionales. Al margen quedan otros muchos méritos, tanto en el campo docente como investigador (más de un centenar de contribuciones a congresos, numerosas contribuciones dentro del campo de la divulgación científica) que hacen del Profesor Molina una autoridad en la materia. Pero si algo destaca en el Dr. Molina, es su pasión por la geología de campo, por la cartografía, por los recursos geológicos y por las rocas industriales, de ahí que fuera la persona idónea para realizar la recopilación de rocas de la provincia que recoge esta obra. José Miguel, además, es un hombre de profunda humanidad. Particularmente, siempre he sentido cierta tranquilidad cuando un tema estaba a su cargo; gracias por todo, Jose.

Pedro Alejandro Ruiz Ortiz
Jaén, noviembre de 2012

1. Introducción

En esta obra dirigida a un público no especializado, pero con cierta formación e interesado en temas relacionados con la provincia de Jaén, se presenta una recopilación y descripción básica de los materiales geológicos más significativos de nuestra provincia. El libro consta de dos partes fundamentales: Minerales y Rocas, además de una corta sección dedicada a la Geología de Jaén. Esto lo convierte en una introducción a los materiales geológicos usando como pretexto el rico patrimonio geológico que caracteriza a la provincia jiennense. En cada una de las partes se incluyen, además, secciones en las que se presentan las herramientas básicas para la identificación y reconocimiento de minerales y rocas así como sus clasificaciones más comunes.

Jaén es una provincia de marcada tradición minera, pero, además, también cuenta con otros minerales y rocas con posibilidades económicas muy interesantes. Por eso, se ha incorporado una pequeña sección dedicada a las rocas industriales.

Al final de la obra se incluye una serie de referencias bibliográficas de interés, un glosario básico, un conjunto de láminas fotográficas con los tipos de minerales y rocas descritos y un listado de los elementos químicos citados en la obra.

El material visual incluido en esta Guía ha sido en su mayor parte obtenido por sus autores en afloramientos de campo y a partir de las Colecciones del Departamento de Geología de la Universidad de Jaén, Departamento de Mineralogía y Petrología de la Universidad de Granada, Museo del Viso del Marqués (Ciudad Real), Museo Geominero de Madrid y de la colección privada de D. Felipe Abolafia.

2. Geología de la provincia de Jaén

En la provincia de Jaén se pueden diferenciar básicamente de norte a sur tres grandes conjuntos: el borde meridional del Macizo Ibérico o Hespérico, la Cuenca del Guadalquivir y una parte septentrional de las Zonas Externas de la Cordillera Bética (Figura 1). El Macizo Ibérico, la Cuenca del Guadalquivir y la Cordillera Bética son las tres grandes unidades geológicas que constituyen Andalucía en su totalidad y las tres tienen su representación en la provincia de Jaén. Además, en el conjunto de la Península Ibérica se diferencian a gran escala: el Macizo Ibérico, las cordilleras alpinas (entre las que la Bética es una de las más significativas) y las cuencas cenozoicas (Ebro, Duero, Tajo y Guadalquivir). Por tanto y puesto que de cada uno de estos grupos se tiene representación en la provincia, se puede decir que la geología de la provincia de Jaén es, en cierto modo, una síntesis de la geología de Andalucía y de la propia Península Ibérica.

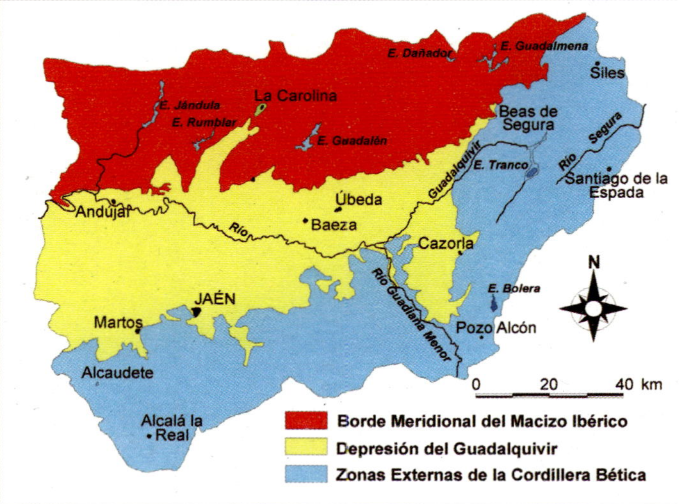

Figura 1. Grandes unidades geológicas de la provincia de Jaén.

2.1. EL BORDE MERIDIONAL DEL MACIZO IBÉRICO

El Macizo Ibérico forma parte de la Cadena Hercínica de Europa y ocupa la mitad occidental de la Península Ibérica. Está constituido por rocas del Precámbrico y del

Paleozoico que se deformaron, plegaron y fracturaron en distintas fases a lo largo del Paleozoico, la última de las cuales, de cierta relevancia, tuvo lugar hacia el Carbonífero medio (hace 310 millones de años) (ver anexos I y II con la escala del tiempo geológico). De las cinco zonas que se diferencian en el Macizo Ibérico, sólo una de ellas está representada en el norte de la provincia de Jaén, en Sierra Morena: la Zona Centroibérica. En esta zona son muy abundantes las rocas plutónicas, fundamentalmente rocas graníticas, claramente visibles en las inmediaciones del Santuario de la Virgen de la Cabeza. Estas rocas constituyen un afloramiento de grandes dimensiones, un batolito, que se extiende hacia el oeste adentrándose en la provincia de Córdoba, hacia el valle de los Pedroches, de donde recibe su nombre: Batolito de Los Pedroches. Hacia el este, los granitos y granodioritas afloran ya de forma discontinua, entre Linares, Vilches y Navas de San Juan y al norte de La Carolina, donde constituyen afloramientos de dimensiones más reducidas denominados plutones, como es el caso del Plutón de Santa Elena. Este afloramiento de rocas plutónicas se atraviesa ampliamente por el camino que desde las cercanías de Navas de Tolosa se adentra hacia La Aliseda, dando un paisaje en bolos típico de las rocas graníticas que han experimentado procesos de meteorización (Figura 2). Aún más al este, existen pequeños afloramientos graníticos en las proximidades de Puente Génave y de La Puerta de Segura, siempre en relación con rocas del Paleozoico. La edad de estas rocas, medida por métodos radiométricos, es de 290 a 310 millones de años.

Figura 2. Paisaje granítico en La Aliseda (La Carolina).

El resto de materiales que constituyen los afloramientos del Macizo Ibérico en la provincia de Jaén son pizarras, areniscas y cuarcitas fundamentalmente, con algunas intercalaciones de mármoles y de rocas volcánicas. Su edad está comprendida entre el Ordovícico y el Carbonífero, es decir entre 490 y 300 millones de años. Entre ellos destaca la Cuarcita Armoricana del Ordovícico (490-440 millones de años) que forma relieves agrestes, como en Despeñaperros, donde aparecen los estratos de cuarcita con buzamientos próximos a la vertical (Figura 3). En otros sectores, como en las proximidades del Centenillo, también afloran niveles de cuarcitas que destacan en el relieve, pero que son algo más modernas, del Silúrico (440-416 millones de años). En estos materiales del Ordovícico al Carbonífero tuvo lugar la intrusión de los granitos de Linares y Santa Elena. Las fracturas que se crearon a consecuencia de ello favorecieron la precipitación de fluidos hidrotermales cargados de metales, que dieron lugar a la red de filones del distrito minero Linares-La Carolina-Santa Elena. Estos filones están formados por sulfuros (galena, esfalerita, calcopirita y pirita, entre otros), carbonatos (azurita y malaquita), sulfatos (barita), óxidos e hidróxidos.

Figura 3. Afloramiento de Cuarcita Armoricana en Despeñaperros.

Las rocas paleozoicas de Sierra Morena están afectadas por un metamorfismo regional de grado bajo, que no ha conseguido destruir totalmente los restos fósiles de organismos antiguos. A él se superpone, en el contacto con las intrusiones graníticas, un metamorfismo térmico o de contacto responsable de la génesis de corneanas. En relación con este metamorfismo se encuentra el silicato alumínico (Al_2SiO_5) que lleva el nombre de la región: la andalucita.

A la deformación (plegamiento y fracturación) de los materiales paleozoicos del Macizo Ibérico, le siguió una larga etapa de erosión que dio lugar a la formación de una penillanura. Sobre la penillanura recién formada se dispusieron, por medio de una discordancia angular-erosiva, materiales fundamentalmente de edad triásica (250 a 200 millones de años), que no han sido posteriormente deformados. La presencia de conglomerados, potentes estratos de areniscas y arcillitas de color rojo, todos ellos en disposición horizontal cubriendo a las rocas paleozoicas, son los responsables del nombre con el que se designa a este conjunto de materiales: *Cobertera Tabular de la Meseta*. Afloran ampliamente en toda la comarca del Condado, al noreste de la provincia, adentrándose en las provincias de Ciudad Real y Albacete. Corresponden en su mayor parte a depósitos de naturaleza fluvial, localmente costera, con canales y llanuras de inundación de ríos desarrollados a lo largo del Triásico.

En la antigua penillanura y en una etapa ya mucho más reciente, principalmente en los últimos 10 millones de años, los ríos se han ido encajando como consecuencia del descenso del nivel de base, es decir, de la retirada del mar a lo largo del valle del Guadalquivir. Este es un proceso clave para entender el relieve del norte de la provincia.

2.2. LA CUENCA DEL GUADALQUIVIR

Ocupa la parte central de la provincia (Figura 1) y por ella circulan y a ella acuden los principales cauces fluviales que drenan la provincia de Jaén. El río Guadalquivir la recorre de este a oeste, junto a su borde septentrional, excepto cuando rodea el sur de la Loma de Úbeda. Desde el punto de vista geológico, se diferencian dos zonas: la septentrional o Conjunto Autóctono, de relieve más suave y donde los estratos aparecen horizontales, sin deformar, o con sólo un ligero basculamiento tectónico (Figura 4) y la parte meridional o Conjunto Alóctono, donde los materiales están deformados y se adscriben, de hecho, a las Zonas Externas de la Cordillera Bética. Se trata de una cuenca sedimentaria que se ha rellenado a lo largo del Cenozoico (desde hace 65 millones de años al presente) y que se constituyó como un brazo de mar (denominado estrecho nordbético) que se adentraba desde el Golfo de Cádiz, conforme surgía la Cordillera Bética, por el sur y el este de la provincia. En la provincia de Jaén su relleno marino culmina en el Tortoniense, hace unos 7 millones de años. Los depósitos de las terrazas de los ríos que la recorren, como, por ejemplo, las que ampliamente se desarrollan en el trazado meandriforme del río Guadalquivir entre Espeluy y Marmolejo, constituyen depósitos cuaternarios (menos de 1,8 millones de años), algunos de ellos ligados a la actividad del río durante el Holoceno (11.000 años-actualidad).

Figura 4. Materiales no deformados del Conjunto Autóctono de la cuenca del Guadalquivir en las inmediaciones de Porcuna.

Los materiales constituyentes son, fundamentalmente, rocas sedimentarias terrígenas de distintos tamaños de grano (arcillas, limos, arenas y, localmente, conglomerados). Los de tamaño de grano más grueso suelen corresponder a depósitos de canales fluviales. Las margas, mezcla de arcilla con carbonato cálcico, son por el contrario bastante frecuentes en el relleno marino de la depresión.

En su parte meridional, de afinidad Bética, encontramos materiales de edad mesozoica mezclados con los autóctonos, de edad cenozoica. Se trata de los denominados olistostromas de la Cuenca del Guadalquivir. Entre ellos se encuentran, además de las arcillas rojas del triásico, rocas calcáreas: calizas y dolomías del Jurásico, que dan mogotes más resistentes a la erosión, visibles en toda la parte meridional de la depresión, más abundantes a medida que nos acercamos al frente montañoso de las Zonas Externas Béticas (Figura 5). Otras masas deslizadas son calizas y margas de color blanco o gris del periodo Cretácico.

Figura 5. Olistolito de dolomías del Liásico inferior en las unidades alóctonas (Complejo Olistostrómico) de la Cuenca del Guadalquivir al noroeste de Torredonjimeno.

2.3. LAS ZONAS EXTERNAS DE LA CORDILLERA BÉTICA

Constituyen la parte meridional y oriental de la provincia, es decir, las sierras del sur de Jaén y las sierras de Cazorla, Segura y Las Villas, en la parte oriental de la provincia (Figura 1). Están formadas mayoritariamente por rocas sedimentarias de naturaleza calcárea (calizas, dolomías, margas...), de la era mesozoica (250 a 65 millones de años). Estos materiales se depositaron en un medio marino, el océano del Tethys, precursor del actual Mediterráneo y se plegaron durante el Cenozoico (orogénesis alpina), acontecimiento que culminó en el Mioceno medio, hace unos 13 millones de años. La línea de costas se situaría, en diferentes momentos, sucesivamente justo al norte o al sur de la posición que ocupa hoy día la ciudad de Jaén, todo ello en el margen meridional de la placa Ibérica. Existen diferencias claras entre los depósitos de medios sedimentarios litorales o de plataforma marina somera, poco profunda, respecto a los que se formaron en medios marinos más abiertos, alejados de costas y, generalmente, más profundos. En los depósitos de medios marinos someros se pueden encontrar, por ejemplo, restos de esponjas calcáreas, rudistas, o construcciones orgánicas de tipo arrecifal debidas a corales, organismos todos ellos bentónicos, es decir, que vivían ligados al fondo marino. Junto a ellos existen afloramientos donde es posible reconocer antiguas grietas de desecación de los sedimentos o paleosuelos, rasgos propios de medios litorales que durante épocas más o menos amplias quedaban emergidos. Estos depósitos constituyen hoy lo que se denomina Prebético o Zona Prebética, ampliamente representada en las sierras de Cazorla, Segura y Las Villas (Figura 6) y en algunos afloramientos de menor extensión entre la Sierra de Jódar-Bedmar, Pegalajar y del castillo y Peña de Jaén.

Figura 6. Materiales calcáreos del Prebético en la Sierra de Segura.

Más al sur, se depositaron los sedimentos que hoy constituyen el Subbético o Zona Subbética. Concretamente, dentro de esta zona se diferencian en la provincia de Jaén tres conjuntos de unidades tectónicas: Dominio Intermedio, Subbético Externo y Subbético Medio. Gran parte de las rocas subbéticas se caracterizan por contener restos de organismos de vida planctónica o nectónica, es decir, de organismos que vivían en medios marinos abiertos, flotando o desplazándose por sus propios medios en el agua del mar. Los más característicos son, sin duda, los ammonites, fósiles que nos permiten datar las rocas con precisión hasta del millón de años, en rocas de hasta más de 200 millones de años de antigüedad. El Dominio Intermedio, que encuentra en la provincia de Jaén su mejor representación dentro de todo el ámbito de las Zonas Externas de la Cordillera Bética, se caracteriza por su mayor subsidencia y, por tanto, por su mayor espesor de rocas sedimentarias del Jurásico y Cretácico inferior. Son abundantes los depósitos de flujos de sedimentos por gravedad, los cuales se movían por la pendiente que unía la plataforma con medios marinos algo más profundos y por verdaderos cañones submarinos que la atravesaban. Ejemplos de este tipo de depósitos denominados turbiditas aparecen al este de Huelma, en la sierra del mismo nombre, en el Jabalcuz, o en las areniscas que se intercalan entre calizas y margas marinas en el valle de Los Villares, al sur de Jaén.

Al sur se encuentra el Subbético Externo, poco subsidente, caracterizado por presentar un Jurásico Superior de poco espesor y formado por calizas nodulosas rojas (Formación Ammonítico Rosso). En posiciones más meridionales se localiza el Subbético Medio, de nuevo más subsidente y con secciones jurásicas potentes, en las que aparecen radiolaritas (rocas constituidas por los caparazones silíceos de pequeños organismos de vida planctónica) y, además, rocas volcánicas submarinas (basaltos) en el Jurásico medio y superior. En la provincia de Jaén no afloran ni el Subbético Interno, con características estratigráficas similares al Subbético Externo, ni las Zonas Internas de la Cordillera Bética.

Las rocas de la Zona Subbética son en su mayoría de naturaleza calcárea, más ricas en carbonatos en el Jurásico y mezcladas con arcillas, formando margas y margocalizas en el Cretácico. Su distinta resistencia a la erosión determina que en toda la Zona Subbética las montañas sean, generalmente, afloramientos de rocas del Jurásico y los valles correspondan a rocas del Cretácico o, más localmente, del Triásico.

Los materiales jurásicos y cretácicos subbéticos se depositaron en medios marinos más alejados de la costa que los prebéticos y a profundidades variables. Destacan entre ellos, en el Subbético Externo de la provincia de Jaén, las calizas nodulosas rojas con abundantes ammonites del Jurásico medio y/o superior. Se trata del Ammonítico Rosso, nombre originario de los Apeninos y Alpes italianos, donde también son muy frecuentes estas rocas. Los afloramientos del castillo de Otíñar, del cortijo Casablanca en Campillo de Arenas y el del oeste de Cárcheles, entre otros, son muy conocidos por especialistas y aficionados. También son muy características en el Dominio Intermedio y en el Subbético Externo las calizas oolíticas (Formaciones Jabalcuz y Camarena) del Jurásico medio (Figura 7).

Por último, dentro del ámbito de las Zonas Externas de las Cordilleras Béticas, perduraron algunas cuencas sedimentarias como áreas marinas hasta épocas más recientes. Estas se rellenaron de materiales del Cenozoico conteniendo, entre otros, fósiles de erizos, lamelibranquios y braquiópodos. Estas áreas se denominan cuencas intramontañosas y entre ellas destaca la de Alcalá la Real, localizada enteramente dentro de la geografía provincial, si bien hacia la zona de Huesa y Pozo Alcón afloran ya materiales del relleno de la cuenca sedimentaria denominada de Guadix-Baza. Otros afloramientos de materiales cenozoicos aparecen dispersos en distintos puntos de las Zonas Externas de las Cordilleras Béticas, como sucede en las proximidades de Santiago de la Espada dentro del Prebético y en áreas cercanas a Cárcheles en el Subbético.

Figura 7. Al fondo, la Sierra de Jabalcuz, que se adscribe al Subbético, en concreto, a su parte más septentrional (Dominio Intermedio) y la Peña de Jaén y la Mella en primer plano a la derecha (Prebético), con la ciudad de Jaén a sus pies.

3. Minerales

3.1. INTRODUCCIÓN

3.1.1. ¿Qué es un mineral?

Un mineral es un sólido natural y homogéneo de origen inorgánico, cuya composición química está definida dentro de ciertos límites, que posee propiedades físicas características y tiene generalmente estructura cristalina. De esta definición se deduce que si un mineral es un sólido natural, es porque se ha originado en la naturaleza. Un mineral es una sustancia inorgánica porque no está constituido básicamente por carbono e hidrógeno, indispensables para la materia orgánica. Que su composición química esté definida dentro de ciertos límites quiere decir que puede expresarse mediante una fórmula química específica, pero que no siempre es fija. Y, por último, que posea una estructura cristalina conlleva que las partículas se encuentran ordenadas según un modelo geométrico regular. En aquellos casos en los que no haya un orden se dice que la materia es amorfa.

Los minerales son los componentes básicos de las rocas y la Mineralogía es la ciencia que se ocupa del estudio completo de los minerales: estructura, composición química, propiedades físicas, identificación y clasificación. De entre las ramas de la Mineralogía, la Mineralogía Sistemática o Descriptiva se dedica al estudio de todos y cada uno de los minerales.

En cuanto a la terminología empleada en la designación de minerales, normalmente, los nombres de los minerales acaban en –ita y aluden a alguna característica del mineral (albita de albus: blanco; clorita de cloros: verde), a su composición química (calcita de calcio; molibdenita de molibdeno), a una persona (sillimanita del químico Silliman; goethita del escritor Goethe), o a un lugar (aragonito de la localidad de Molina de Aragón; andalucita de Andalucía).

Además de las propiedades físicas, una característica que puede ayudar al diagnóstico de una especie mineral es la paragénesis, es decir, la asociación de un mineral a otras especies conocidas. Hay paragénesis muy típicas (pirita y calcopirita), otras son improbables y las hay, incluso, imposibles (por razones físico-químicas el cuarzo nunca aparecerá en una roca junto al olivino).

3.1.2. Materia cristalina

Los cristales son estructuras dotadas de un orden y periodicidad en la disposición de sus componentes químicos (átomos, iones o moléculas). La ordenación espacial de estos componentes, según un modelo de repetición, se llama red cristalina.

En la actualidad, se sabe que cualquier cristal puede ser incluido en uno de los siete sistemas cristalográficos o cristalinos. Estos se definen mediante un sistema de coordenadas, caracterizado por la longitud de sus ejes (a, b y c) y los ángulos que forman entre ellos (b^c: α, c^a: β y a^b: γ). Los cristales de cada sistema tienen el mismo tipo de ejes como sistema de coordenadas (Figura 8).

Cada sistema cristalino se caracteriza por ciertas formas cristalinas fundamentales. Por ejemplo, los cubos, octaedros, tetraedros o sus combinaciones, son característicos del sistema cúbico.

La periodicidad que caracteriza a una estructura cristalina es la responsable de la simetría y homogeneidad de la misma. Los cristales que pertenecen al sistema cúbico son los de mayor simetría y los de menor simetría son los triclínicos.

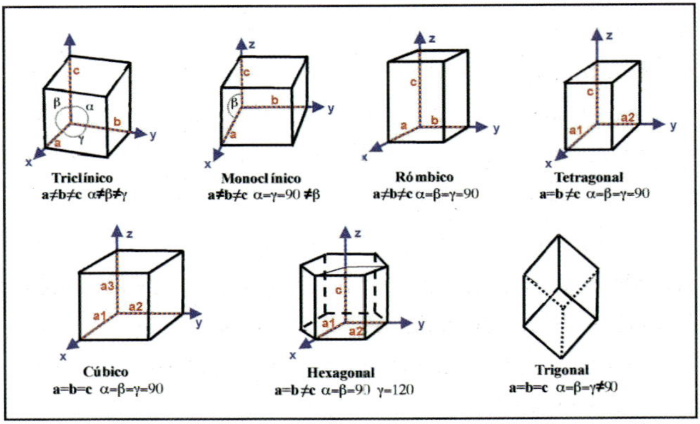

Figura 8. Parámetros cristalográficos y celdillas unidad de los siete sistemas cristalinos.

Los cristales crecen por adición de grupos atómicos. Un cristal está compuesto por un agrupamiento regular de esos pequeños grupos a los que se les denomina celdilla unidad. Por tanto, el volumen más pequeño que por repetición genera la distribución espacial completa de un cristal es una *celdilla unidad.*

La Cristalografía es la ciencia que se ocupa del estudio del estado cristalino de la materia.

3.1.3. Génesis mineral

En la naturaleza, los procesos físico-químicos por los que más frecuentemente se originan minerales son: por cristalización de fundidos (en cámaras magmáticas bajo tierra o en las grietas alcanzadas por los fluidos originados en condiciones ígneas o metamórficas) o a partir de disoluciones acuosas en medios sedimentarios.

La mayoría de los minerales que se presentan como cristales vistosos bien desarrollados son fruto de las últimas fases de enfriamiento del magma, pero también es posible que los procesos sedimentarios y metamórficos generen bellas cristalizaciones.

A partir de una composición, presión y temperatura adecuadas, la formación de cristales depende fundamentalmente de la disponibilidad de espacio y tiempo con que cuente el proceso. Todo cambio en las condiciones ambientales provoca una interrupción en el crecimiento o da lugar a cambios en la estructura interna del material.

Algunos minerales tienen un tiempo de formación muy corto (horas), mientras que otros han crecido a lo largo de cientos, miles e incluso cientos de miles de años. En el proceso de cristalización siempre hay una primera fase de nucleación, que es la etapa de nacimiento del cristal en la que los átomos dispersos se asocian a consecuencia de unas condiciones ambientales apropiadas, seguida de una etapa de crecimiento por adición de átomos en posiciones estructurales concretas.

3.1.4. Propiedades físicas de los minerales

Algunas de las propiedades físicas de los minerales pueden ser fácilmente observadas a simple vista. Cuando un mineral es identificado en función de estas propiedades físicas se dice que se ha determinado "de visu". A continuación se describen las más significativas:

Brillo es el aspecto de la superficie de un mineral cuando se refleja en ella la luz. El brillo de los minerales puede ser de dos tipos: metálico y no metálico, según tengan o no el reflejo característico de los metales. Dentro del tipo no metálico se dan una serie de variedades: vítreo, resinoso, graso, adamantino, nacarado, mate o terroso, etc. Algunos minerales presentan un brillo intermedio entre los dos tipos principales citados, de estos se dice que tienen brillo submetálico.

El *color* de un mineral se debe normalmente a la absorción de parte de la luz blanca que incide sobre su superficie. La absorción total implica que sea de color negro y la no absorción, incoloro. Las causas que determinan el color de los minerales son variadas y, por eso, el uso de esta propiedad con carácter determinativo debe ser cauteloso. Sin embargo, los minerales poseen un color constante y de gran valor determinativo que es el del polvo fino. A este color se le llama *raya* y para determinarlo se debe rozar la muestra mineral con una placa de porcelana. Los minerales metálicos se caracterizan por rayas oscuras y los minerales no metálicos por rayas claras.

Otra propiedad óptica es la *diafanidad*, que se refiere a la capacidad que tienen algunos minerales de transmitir luz a su través. Se expresa con los términos transparente, translúcido (sólo vemos sombras a su través) u opaco.

La *dureza* (H) es la resistencia que opone la superficie de un mineral a ser rayada. Es una de las propiedades diagnóstico más útiles. La dureza de cualquier mineral se determina por comparación de éste con una escala de dureza. En 1822, Mohs propuso una escala de dureza relativa que es la que se emplea hoy día (Tabla 1). La escala consta de diez minerales dispuestos en orden desde el 1 (el más blando) hasta el 10 (el más duro). Cada mineral raya a los que le preceden y es rayado por los que le siguen. Este mineralogista eligió minerales comunes para la escala y procuró que los intervalos entre ellos fueran parecidos, aunque el intervalo entre el corindón y el diamante es mucho mayor que los demás. El cuarzo es el más duro de los minerales comunes. Como la dureza es una propiedad vectorial, que depende de la dirección de medida, un mineral puede presentar distinta dureza según la dirección considerada.

H	Mineral	Dureza de algunos objetos comunes
10	diamante	
9	corindón	
8	topacio	
7	cuarzo	
6	ortoclasa	porcelana (6,5)
5	apatito	vidrio, llave (5,5)
4	fluorita	clavo (4,5)
3	calcita	moneda de cobre (3,5)
2	yeso	uña (2,5)
1	talco	

Tabla 1. Escala de dureza relativa de Mohs.

La *tenacidad* es la resistencia que opone un mineral a ser roto, molido, doblado o desgarrado. Se expresa con los términos siguientes:

- Frágil, si el mineral se rompe con facilidad, por ejemplo, la pirita.
- Maleable, si el mineral adopta forma de hojas por percusión, por ejemplo, el cobre.
- Séctil, si el mineral se puede cortar con el cuchillo, por ejemplo, la mica.
- Dúctil, si se le puede dar la forma de hilo, por ejemplo, el oro.
- Flexible, si se deforma, por ejemplo, las láminas delgadas de yeso.
- Elástico, si después de ser deformado recupera la forma original cuando cesa la fuerza deformadora, por ejemplo, las láminas delgadas de mica.

El *hábito o forma cristalina* es la forma externa con la que se suele presentar a menudo un mineral o agregado de minerales cuando ésta refleja la disposición interna ordenada de los átomos. El aspecto o apariencia externa de un mineral no tiene siempre por qué responder a un hábito determinado y, en ese caso, se dice que su aspecto es masivo.

Si se trata de un mineral aislado, en función de que esté desarrollado más en una dimensión que en las otras o esté desarrollado por igual en todas las dimensiones puede ser acicular, prismático, hojoso, laminar o tabular y equidimensional (Figura 9). Si se trata de agregados minerales con diferente orientación, estos pueden ser agregados dendríticos, radiales, en drusa, en roseta, coloformes, globulares, etc. Si son agregados de minerales dispuestos paralelamente, se les llama fibrosos y si son agregados de cristales de igual tamaño y equidimensionales: granulares. Además, hay agregados concéntricos, bandeados, arriñonados, coloformes, etc. (Figura 10).

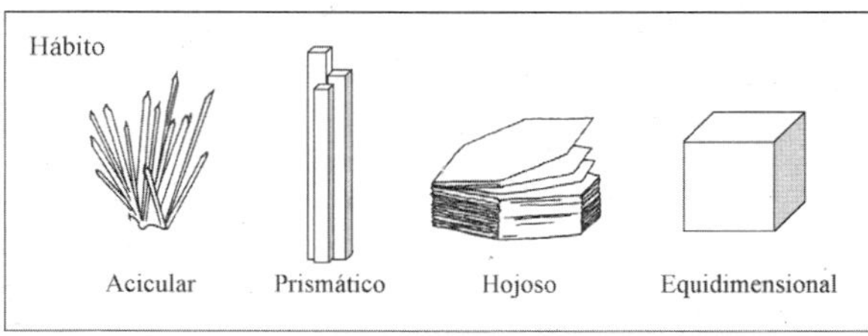

Figura 9. Ejemplos de hábitos cristalinos.

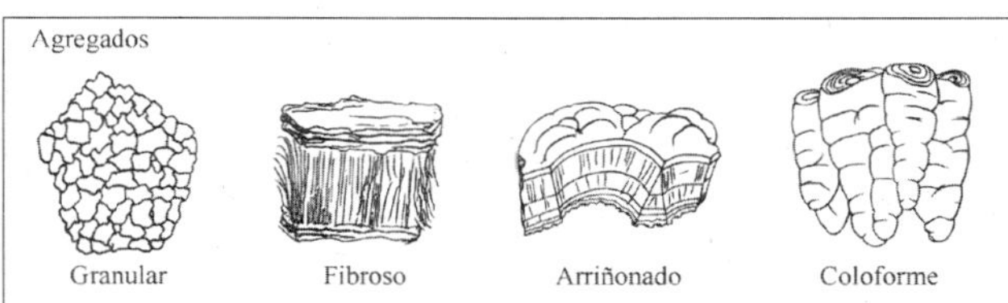

Figura 10. Distintos tipos de agregados cristalinos comunes.

La *exfoliación* es la tendencia de un mineral a romperse a lo largo de superficies planas. Si se rompe irregularmente, entonces se dice que se ha *fracturado.* La exfoliación opera a lo largo de las direcciones de la estructura cristalina donde los enlaces químicos son más débiles. Cuando existe, debe indicarse la calidad de la *exfoliación* (perfecta, buena, regular o mala). Cuando un mineral se exfolia, se rompe en trozos que tienen todos ellos la misma geometría, lo que no ocurre si se fractura. No debe confundirse la exfoliación con la forma cristalina o hábito. Algunos minerales tienen un hábito muy claro, pero cuando se rompen, se fracturan en formas que no se parecen entre sí ni al cristal original. La *fractura* puede ser astillosa, concoide (como una concha), irregular, etc. (Figura 11).

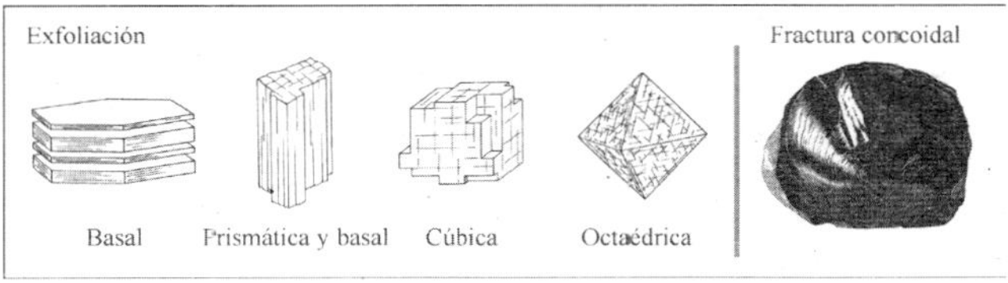

Figura 11. Ejemplos de exfoliación y fractura.

La *densidad* es la relación masa/volumen de una sustancia cristalina. Es mucho mayor en los minerales metálicos que en los no metálicos. Cuando un mineral parece tan pesado como las rocas comunes, su densidad está probablemente entre 2,5-3 gr/cm^3. En los minerales metálicos, como la galena, llegan a alcanzarse valores de 7 gr/cm^3. El *peso específico* es un número que coincide con la densidad y que representa el cociente entre el peso del mineral y el peso de un volumen igual de agua. Normalmente, se suelen emplear los términos de muy pesado (>5), pesado (3-5), ligero (2-3) o muy ligero (<2) para designar el peso específico de los minerales.

Otras propiedades físicas que pueden ser útiles en la identificación de ciertos minerales son el *sabor* (salado en la halita, amargo en la silvita), el *olor* (la raya de minerales con azufre huele a huevos podridos) y el *magnetismo* (en la identificación de magnetita y, en general, minerales con un elevado contenido en hierro).

3.2. CLASIFICACIONES MINERALES MÁS COMUNES

En la naturaleza se han descrito casi 4000 especies minerales, pero sólo una docena son abundantes. Existen distintos sistemas de clasificación de minerales según los criterios que se empleen:

- Si se tienen en cuenta los aspectos composicionales o químicos, los minerales se clasifican en clases (Tabla 2). Fue J.D. Dana (1813-1895) el que introdujo la clasificación química de los minerales todavía hoy vigente. Las subclases minerales se establecen en función de criterios estructurales.

Elementos nativos
Sulfuros y sulfosales
Óxidos e hidróxidos
Haluros
Carbonatos
Nitratos
Boratos
Fosfatos
Sulfatos
Wolframatos
Silicatos

Tabla 2. Clases minerales.

- De acuerdo con la abundancia de los minerales, a los que constituyen la mayor parte de las rocas de la corteza se les denomina minerales petrogenéticos o formadores de rocas. Estos son los silicatos (>90% de la corteza terrestre) y, regionalmente, los carbonatos. Se deduce de ello que la composición química de la corteza terrestre es bastante simple: O (47% en peso), Si (28%), Al (8%), Fe (5%), Ca (4%), Na (3%), K (3%) y Mg (2%).
- Desde el punto de vista de los recursos minerales, son minerales metálicos aquellos de los que se extraen metales de interés metalúrgico y son minerales industriales los que, dotados de interés económico, no contienen metales, ni son gemas, ni hidrocarburos o carbones.

Elementos nativos	Bismuto	Cobre	Grafito		
Sulfuros y Sulfosales	Antimonita	Argentita	Bornita	Calcopirita	Calcosina
	Covelina	Esfalerita	Galena	Marcasita	Pirita
Óxidos e Hidróxidos	Casiterita	Cuprita	Goethita	Hematites	Ilmenita
	Magnetita	Pirolusita	Psilomelana	Rutilo	Uraninita
Haluros	Fluorita	Halita			
Carbonatos	Anquerita	Azurita	Calcita	Cerusita	Dolomita
	Malaquita	Siderita	Smithsonita		
Fosfatos	Autunita	Torbernita	Turquesa		
Sulfatos	Anglesita	Barita	Celestina	Yeso	Linarita
Wolframatos y Molibdatos	Scheelita	Wolframita	Wulfenita		
Silicatos	Andalucita	Anfíbol	Biotita	Circón	Clorita
	Crisocola	Cuarzo	Feldespatos	Granates	Moscovita
	Monacita	Prehnita	Serpentina	Turmalina	Wollastonita

Tabla 3. Minerales más significativos de la provincia de Jaén clasificados en clases.

En la Tabla 3 se recoge una clasificación basada en criterios exclusivamente químicos de los minerales descritos en esta obra.

Si se tienen en cuenta las particularidades naturales e históricas de la provincia jiennense, lo más destacado desde el punto de vista mineral son los minerales metálicos dotados, en buena parte, de interés económico. En Jaén ha habido durante mucho tiempo importantes explotaciones mineras en los distritos de Linares, La Carolina y Santa Elena, ya conocidas antes de la dominación romana. Entre 1875-1920, estos distritos mineros llegaron a ser, incluso, los máximos productores mundiales de plomo. En la Tabla 4 se presentan los minerales metálicos más importantes descritos en la provincia de Jaén, en función del elemento metálico dominante que albergan.

Minerales de:						
Plomo, Cinc y Plata	**Hierro**	**Cobre**	**Bismuto , Estaño y Wolframio**	**Antimonio y Manganeso**	**Radiactivos**	**Bario, Estroncio y Flúor**
Anglesita	Goethita	Bornita	Bismuto	Antimonita	Uraninita	Barita
Argentita	Hematites	Calcopirita	Casiterita	Pirolusita		Celestina
Cerusita	Magnetita	Calcosina	Scheelita	Psilomelana		Fluorita
Esfalerita	Marcasita	Cobre	Wolframita			
Galena	Pirita	Covelina				
	Siderita	Cuprita				

Tabla 4. Minerales metálicos descritos en la provincia de Jaén.

3.3. MINERALES MÁS SIGNIFICATIVOS DE LA PROVINCIA DE JAÉN

A continuación se presentan, ordenados por clases, los minerales que por abundancia o por su interés estético, debido a la calidad y belleza de sus cristales, se consideran más representativos en la provincia.

Elementos nativos

Bismuto nativo—Bi

SISTEMA CRISTALINO. Hexagonal.

ASPECTO. Son raros los cristales bien formados. Normalmente laminados o en forma de gránulos de color blanco plata con un marcado tono rojizo.

PROPIEDADES FÍSICAS. Blando (H= 2-2,5), muy pesado (9,8), frágil, polvo de color blanco plata, frágil, exfoliación perfecta, brillo metálico, opaco, conductor y séctil.

FORMACIÓN. Es un mineral raro que se encuentra en materiales de origen ígneo: pegmatitas y filones hidrotermales.

YACIMIENTOS. En filones que se localizan en corneanas con andalucita en el contacto granito-pizarras carboníferas de Santa Elena.

Paragénesis. Junto a menas de plata, cobalto, níquel, plomo y estaño.

Usos. Es una mena del bismuto y se emplea en aleaciones de bajo punto de fusión, medicina y cosmética.

Cobre nativo—Cu

Sistema cristalino. Cúbico.

Aspecto. En masas compactas o en formas arborescentes y filamentosas de color rojo cobrizo sobre superficies frescas.

Propiedades físicas. Blando (H= 2,5-3), muy pesado (8,3-8,9), polvo de color rojo cobrizo, fractura astillosa, brillo metálico, maleable y dúctil, buen conductor del calor y la electricidad.

Formación. En ambientes sedimentarios reductores, en la zona de oxidación de los yacimientos de sulfuros y en cavidades de rocas volcánicas (basaltos).

Yacimientos. En el distrito minero Linares-La Carolina-Santa Elena y en los afloramientos filonianos del Batolito de Los Pedroches, en relación con las mineralizaciones uraníferas de Andújar.

Paragénesis. Asociado casi siempre a cuprita y calcosina.

Usos. Se emplea en la producción de hilos y cables eléctricos y para aleaciones (latón y bronce).

Grafito—C

Sistema cristalino. Hexagonal.

Aspecto. Normalmente se presenta en masas o laminillas negras perfectamente exfoliables.

Propiedades físicas. Muy blando (H= 1), ligero (2,1-2,3), polvo de color gris metálico oscuro, exfoliación perfecta en capas, brillo metálico, de tacto suave y graso, opaco y conductor eléctrico.

Formación. En rocas metamórficas (mármoles, esquistos y gneises), pegmatitas y filones hidrotermales.

Yacimientos. En Huelma aparece en venas, pequeños nódulos y concentraciones irregulares.

Usos. En la fabricación de electrodos y lápices y como lubricante seco.

Sulfuros y Sulfosales

Antimonita o Estibina—Sb_2S_3

Sistema cristalino. Rómbico.

Aspecto. Se presenta tanto en masas compactas como en cristales en forma de prisma o de aguja, de tonalidad gris con pátinas iridiscentes.

Propiedades físicas. Blando (H= 2), pesado (4,6-4,7), polvo de color gris oscuro, exfoliación perfecta en una dirección, brillo metálico, opaco.

Formación. En filones hidrotermales, normalmente de baja temperatura.

Yacimientos. En Jaén se ha identificado en el sector de La Carolina, en los materiales del Carbonífero inferior, donde las mineralizaciones de antimonio están relacionadas con un vulcanismo ácido. "S. Agustín", en Baños de la Encina, es la mina más importante de este conjunto. También se ha descrito en Andújar y en El Centenillo.

Paragénesis. Asociado a galena, cinabrio y minerales de plata, entre otros.

Usos. El antimonio de este mineral se emplea en aleaciones metálicas y en las industrias textil y de tintes, entre otras.

Argentita—Ag_2S

Sistema cristalino. Cúbico.

Aspecto. Cristales cúbicos y agregados arborescentes de color gris-negro.

Propiedades físicas. Blando (H= 2-2,5), muy pesado (7,2-7,4), polvo de color negro, exfoliación perfecta, brillo metálico y opaco.

Formación. En filones hidrotermales de temperatura media-baja.

Yacimientos. Esporádicamente en el distrito minero de Linares asociado a la galena argentífera.

Paragénesis. Asociado a la plata nativa, galena y otros sulfuros de plata.

Usos. Si se halla en gran cantidad puede ser un mineral útil para la obtención de plata.

Minerales parecidos. Se asemeja a la galena, pero es más maleable y ennegrece con facilidad bajo el efecto del aire y de la luz.

Blenda (véase Esfalerita)

Bornita—$FeCu_5S_4$

Sistema cristalino. Tetragonal.

Aspecto. Normalmente masivo y raramente en forma de agregados de cristales mal formados de color bronce pardo.

Propiedades físicas. Blando (H= 3), pesado (5), polvo de color negro, fractura concoidea, brillo metálico y opaco.

Alteración. Se altera rápidamente a calcosina y covelina.

Formación. Diseminada en rocas básicas y en depósitos metamórficos de contacto, también en la parte superior de la zona de enriquecimiento de los filones de cobre.

Yacimientos. Suele acompañar a la calcopirita en los yacimientos de esta, concretamente en los depósitos filonianos de la zona de Andújar-Venta Cardeña, en las calizas y areniscas triásicas de Cazorla y en el distrito minero Linares-La Carolina-Santa Elena.

Paragénesis. Asociado a otros sulfuros (calcosina, calcopirita, covelina y pirita).

Usos. Es una mena de cobre.

Calcopirita—$CuFeS_2$

Sistema cristalino. Tetragonal.

Aspecto. Se presenta únicamente en masas microgranulares o compactas de color amarillo oro o amarillo latón, a menudo iridiscentes.

Propiedades físicas. Semiduro (H= 3,5-4), pesado (4,2-4,3), frágil, polvo de color negro verdoso, exfoliación mala y fractura concoidea y desigual, brillo metálico o semimetálico, opaco.

Diagnóstico. Se reconoce por su color amarillo latón y su raya negra verdosa.

Alteración. Se altera frecuentemente transformándose en calcosina, malaquita y cuprita.

Formación. Es uno de los minerales más frecuentes en yacimientos de todo tipo: ígneos, sedimentarios y metamórficos y en casi todos los filones hidrotermales como mineral acompañante o principal.

Yacimientos. En el distrito minero Linares-La Carolina-Santa Elena. En la zona de Alcalá la Real no es abundante, pero puede encontrarse cerca de la Peña del Yeso asociado a rocas sedimentarias de edad triásica o en algunos afloramientos de rocas subvolcánicas básicas de la misma edad y que se encuentran cerca de las aldeas Santa Ana y Las Pilas de Fuente Soto. También se han identificado ejemplares de calcopirita en las inmediaciones de Andújar.

Paragénesis. En asociación con esfalerita y pirita.

Usos. Es la mena de cobre más importante.

Minerales parecidos. Se asemeja a la pirita que es más dura y de color amarillo más claro.

Calcosina—Cu_2S

Sistema cristalino. Rómbico.

Aspecto. Es común en forma masiva y compacta y más raramente en forma de cristales pequeños y tabulares de aspecto hexagonal de color gris plomo o negro.

Propiedades físicas. Blando (H= 2,5–3), muy pesado (5,6), polvo de color negro, frágil, fractura concoidea, brillo metálico (sin pátina) y opaco.

Formación. En filones hidrotermales, rocas sedimentarias y como mineral supergénico en zonas de enriquecimiento de sulfuros.

Yacimientos. En Cazorla, en Andújar y en alguno filones del distrito minero Linares-La Carolina-Santa Elena, explotados para la obtención de galena.

Paragénesis. Asociado a otros sulfuros de cobre (calcopirita, bornita, covelina).

Usos. Constituye una mena importante del cobre.

Covelina—CuS

Sistema cristalino. Hexagonal.

Aspecto. Se presenta masivo o como capas de revestimiento de color azul añil.

Propiedades físicas. Blando (H= 1,5–2), pesado (4,7), polvo de color gris-negro, exfoliación perfecta en láminas flexibles, brillo metálico y opaco.

Formación. Como mineral supergénico en zonas de enriquecimiento de sulfuros.

Yacimientos. En el distrito minero Linares-La Carolina-Santa Elena y en los depósitos filonianos de Andújar.

Paragénesis. Asociado a otros sulfuros de cobre como la calcosina y calcopirita o a carbonatos como la azurita y malaquita.

Usos. Constituye una mena menor del cobre.

Esfalerita o Blenda—ZnS

Sistema cristalino. Cúbico.

Aspecto. Es frecuente en masas concrecionales y en agregados cristalinos tetraédricos con bordes redondeados, de color variable entre amarillo y pardo rojizo si el mineral es puro, pero también negruzco, verde, rosa o incoloro.

Propiedades físicas. Semiduro (H= 3,5-4), pesado (3,9-4,2), muy frágil, polvo de color blanco o amarillo, exfoliación perfecta, brillo adamantino o resinoso y translúcido.

Diagnóstico. El vivo brillo adamantino y la fácil exfoliación lo hacen fácilmente reconocible.

Formación. En filones hidrotermales asociado a la galena, calcopirita, barita y fluorita y en yacimientos sedimentarios y metamórficos.

Yacimientos. Muy abundante y común en el distrito minero de Linares.

Paragénesis. Asociado a la galena, argentita y calcopirita en una ganga compuesta primordialmente de barita y fluorita.

Usos. Constituye el principal mineral industrial para la obtención del cinc. El cinc es un componente del latón y de otras aleaciones.

Estibina (véase Antimonita)

Galena—PbS

Sistema cristalino. Cúbico.

Aspecto. Son frecuentes los cristales en forma de cubo, octaedros y cuboctaedros de color gris plomizo y en masas compactas o granulares que presentan brillo debido a las numerosas superficies de exfoliación que se forman en las fracturas.

Propiedades físicas. Blando (H= 2,5), muy pesado (7), frágil, polvo de color gris oscuro, exfoliación perfecta de acuerdo con las caras del cubo, brillo metálico muy intenso y opaco.

Diagnóstico. El color, la exfoliación cúbica perfecta, el brillo y su pesadez hacen que este mineral sea fácilmente reconocible.

Formación. En filones hidrotermales de temperatura media o media-baja y en yacimientos sedimentarios y metamórficos.

La galena argentífera puede contener hasta un 1% de plata, generalmente en forma de finísimos granos de las más diversas menas de plata (pirargirita, polibasita, etc.).

Yacimientos. Los yacimientos de Linares y La Carolina, en el extremo oriental de Sierra Morena, donde la galena es muy común y abundante, son de origen hidrotermal. Son los yacimientos más importantes de España por su producción y calidad de los ejemplares. La galena aparece en casi todas sus variedades. También se ha descrito en las proximidades de Alcalá la Real, en el cerro del Hachazo, en el cual aún se aprecian notables restos de antiguas explotaciones mineras al igual que en Vilches.

Paragénesis. Asociado a la esfalerita, argentita, cerusita y anglesita en una ganga compuesta primordialmente de cuarzo, barita y fluorita.

Usos. Constituye el principal mineral industrial para la extracción del plomo. La plata es frecuentemente un subproducto de su minería.

Marcasita— FeS_2

SISTEMA CRISTALINO. Rómbico.

ASPECTO. Se presenta en cristales tabulares o prismáticos con la parte superior dentada en forma de cresta de gallo o en agregados aciculares y nodulares con un color que va del amarillo bronce al verdoso.

PROPIEDADES FÍSICAS. Duro (H= 6-6,5), pesado (4,9), frágil, polvo de color negro grisáceo, fractura desigual, exfoliación mala, brillo metálico y opaco.

ALTERACIÓN. Es inestable a temperaturas normales y se descompone en poco tiempo en ácido sulfúrico y limonita.

FORMACIÓN. En filones hidrotermales de baja temperatura y en rocas sedimentarias en forma de nódulos.

YACIMIENTOS. Los mejores ejemplares de la Península Ibérica proceden de Bailén, Linares y La Carolina, donde es frecuente en las minas de galena. También se ha descrito en El Centenillo, en la mina "La Virgen", en Andújar y asociada con pirita en Montizón.

PARAGÉNESIS. Se asocia en venas metalíferas a menas de plomo y cinc.

USOS. Se emplea para la obtención de ácido sulfúrico y, ocasionalmente, en joyería y bisutería.

MINERALES PARECIDOS. Se asemeja a la pirita que cristaliza de forma distinta y a la calcopirita, que es más blanda.

Pirita—FeS_2

SISTEMA CRISTALINO. Cúbico.

ASPECTO. Se presenta a menudo en cristales cúbicos estriados, octaédricos y dodecaédricos de color amarillo latón pálido a veces con pátinas parduscas. También se presenta en agregados o masas compactas granudas.

PROPIEDADES FÍSICAS. Duro (H= 6-6,5), muy pesado (5-5,2), frágil, polvo de color negro verdoso, fractura concoidea, exfoliación mala, brillo metálico y opaco.

ALTERACIÓN. Se altera con facilidad bajo la acción de los agentes atmosféricos convirtiéndose en sulfatos de hierro solubles en agua y óxidos de hierro (limonita).

FORMACIÓN. Es común en todo tipo de rocas. Se encuentra en filones de cuarzo hidrotermales de temperatura media-baja sola o asociada con el oro (pirita aurífera). Como mineral de origen sedimentario sustituye a fósiles o forma nódulos de distinto tamaño.

YACIMIENTOS. En general, es el sulfuro más corriente y extendido. En la provincia de Jaén se encuentra abundantemente en los distritos mineros de La Carolina y Linares, asociado a calcopirita y marcasita. También se ha descrito acompañando a magnetita en algunos yacimientos junto a Sileras, en Almedinilla y en el paraje de "La mina" en Castillo de Locubín. En Bailén se ha identificado con formas estalactíticas sobre calizas.

PARAGÉNESIS. Se asocia a muchos minerales, pero especialmente a la calcopirita, la esfalerita y la galena.

USOS. Obtención de ácido sulfúrico fundamentalmente.

MINERALES PARECIDOS. Se asemeja a la marcasita, aunque esta posee una raya de color verde más intenso y cristaliza de manera distinta y a la calcopirita, cuyo color es más intenso y su dureza menor.

Óxidos e hidróxidos

Casiterita—SnO_2

SISTEMA CRISTALINO. Tetragonal.

ASPECTO. En cristales prismáticos gruesos y cortos de color pardo y negro y en masas fibrosas o granulares negras.

PROPIEDADES FÍSICAS. Duro (H= 6-7), muy pesado (6,9-7,1), frágil, el polvo es de color amarillento o blanco, exfoliación imperfecta, brillo adamantino o mate, translúcido.

DIAGNÓSTICO. Se distingue principalmente por su peso específico y su hábito cristalino.

FORMACIÓN. En rocas ígneas y filones hidrotermales, aunque gran parte de los yacimientos son de origen sedimentario (placeres fluviales).

YACIMIENTOS. En Jaén se ha descrito en Linares, Vilches, La Carolina y en forma de filones en el entorno del Batolito de Los Pedroches.

PARAGÉNESIS. Es frecuente en asociaciones con fluorita, wolframita y pirita, entre otros.

USOS. Es el principal mineral del estaño empleado en la preparación del bronce (aleación de estaño y cobre).

Cuprita—Cu_2O

SISTEMA CRISTALINO. Cúbico.

ASPECTO. Se presenta en forma de cristales octaédricos y cúbicos; a veces, en masas fibrosas de color rojo intenso y también masivo y compacto de grano fino.

PROPIEDADES FÍSICAS. Semiduro (H= 3,5-4), muy pesado (6), polvo de color rojo castaño, exfoliación buena octaédrica, brillo variable (de metálico a vítreo), opaco.

FORMACIÓN. De origen secundario, tiende a formarse en las zonas de oxidación de filones cupríferos.

Diagnóstico. Se distingue de otros minerales de color rojizo por la forma de sus cristales, brillo, color del polvo.

Yacimientos. En el distrito minero Linares-La Carolina-Santa Elena. Algunos de los mejores ejemplares de cuprita descritos en España proceden de la mina "La Cruz" en Linares, cristalizados en cubos y dodecaedros con galena y caliza. En Vilches también se han encontrado buenos ejemplares y en Andújar es abundante.

Paragénesis. Asociado a otros minerales de cobre (calcopirita, malaquita, azurita y cobre nativo) y calcita.

Usos. Es una mena del cobre.

Goethita—FeO(OH)

Sistema cristalino. Rómbico.

Aspecto. Es frecuente en masas compactas, arriñonadas o estalactíticas de color pardo amarillento a negro, en agregados aciculares, tabulares y terrosos.

Propiedades físicas. Duro (H= 5-5,5), pesado (4,3), polvo de color amarillo, fractura desigual, exfoliación perfecta, brillo adamantino a mate y opaco.

Formación. Este hidróxido es de origen secundario como producto de la meteorización de los minerales que contienen hierro en la zona de oxidación de los yacimientos metalíferos ricos en hierro.

Yacimientos. En el distrito minero Linares-La Carolina como mineral de alteración formando parte de limonita, en Cortijo Palomares (Carchelejo), en la mina de uranio "La Virgen" (Andújar) como alteración de pirita y al noreste de Cazorla en el paraje "Cerrillo de los Plomos".

Paragénesis. Asociado a hematites, óxidos de manganeso, pirita, siderita, calcita y arcillas, entre otros.

Usos. Es una importante mena del hierro y se usa también como pigmento.

Hematites (Oligisto)—Fe_2O_3

Sistema cristalino. Hexagonal.

Aspecto. Los cristales de este óxido son, normalmente, tabulares gruesos o delgados. También se presenta en masas arriñonadas con estructura radiada de color castaño rojizo a negro. Cuando es de aspecto micáceo y hojoso y de color gris acero se denomina *especularita* y cuando su aspecto es terroso, *ocre rojo*.

Propiedades físicas. Duro (H= 5,5-6,5), muy pesado (5,3), frágil, polvo de color rojo sangre, fractura concoidea, brillo metálico en cristales y mate en las variedades terrosas, translúcido-opaco.

Formación. En relación con procesos ígneos de naturaleza básica o por removilización y depósito estratiforme de los óxidos de hierro, en rocas metamórficas de contacto y sedimentarias.

YACIMIENTOS. En la provincia son muy abundantes los yacimientos de ocres rojos y magnetita asociados a materiales de edad triásica. Las explotaciones más importantes se localizan en Torrequebradilla y Fuerte del Rey. También ha habido explotaciones activas en Valdepeñas de Jaén, Jaén capital, Cambil, Las Casillas de Martos, Huelma, Torredelcampo, Mancha Real, Garcíez y Jimena y se han descrito en otras localidades como Santiago de la Espada, Los Villares, Martos, Alcaudete, Bedmar, Andújar y Mengíbar. Se trata de mineralizaciones estratiformes asociadas a niveles carbonatados.

PARAGÉNESIS. Asociado a siderita y magnetita.

USOS. Es la mena más abundante del hierro. Además de en siderurgia, se usa también para la fabricación de pigmentos minerales.

Ilmenita—TiO_3Fe

SISTEMA CRISTALINO. Trigonal.

ASPECTO. Los cristales son normalmente tabulares y gruesos, aunque también los hay en forma de placas delgadas y en agregados granulares.

Propiedades físicas. Duro (H= 5-6), pesado (4,7), polvo de color negro-marrón, fractura concoidea, brillo metálico y opaco.

Formación. En rocas ígneas como mineral accesorio, en forma de masas lenticulares o capas en rocas metamórficas cristalinas y en arenas.

Yacimientos. En las cuarcitas ordovícicas de Santa Elena y Aldeaquemada se ha identificado junto a circón, monacita y rutilo.

Paragénesis. Asociado a magnetita, hematites, rutilo, monacita y circón en arenas negras.

Usos. Es la mayor fuente de titanio, que se emplea como pigmento en pintura y en aleaciones especiales para la industria aeroespacial.

Minerales parecidos. La hematites, si bien se diferencian en el color del polvo y la magnetita con la que la principal diferencia se encuentra en la carencia del fuerte magnetismo que caracteriza a este mineral.

Magnetita—Fe_3O_4

Sistema cristalino. Cúbico.

Aspecto. Son comunes los cristales de hábito octaédrico y caras estriadas o los agregados granulares de grano fino compactos de color negro.

Propiedades físicas. Duro (H= 5,5-6), muy pesado (5,2), frágil, polvo de color negro, fractura concoidea, exfoliación perfecta según el octaedro, brillo metálico, fuertemente magnético y opaco.

Diagnóstico. La magnetita es un óxido que se reconoce fácilmente por el fuerte magnetismo que le caracteriza, el color negro y su dureza.

Formación. Diseminado como mineral accesorio en muchas rocas ígneas, asociado a rocas metamórficas cristalinas y en ambientes sedimentarios marinos.

Yacimientos. El yacimiento más importante de magnetita de Jaén es el de la mina "Las Dos Naciones", situada en Garcíez. Además se ha descrito en Alcalá la Real, cerca de Aldeaquemada, entre Santisteban del Puerto y Navas de San Juan, Carchelejo, Fuensanta de Martos, Peal de Becerro, cerca de Cambil y al norte de Larva.

Paragénesis. Asociado a ilmenita, rutilo y olivino entre otros, en depósitos de origen ígneo.

Usos. Constituye una mena importante del hierro, que se emplea en la industria siderúrgica.

Pechblenda (véase Uraninita)

Pirolusita—MnO_2

Sistema cristalino. Tetragonal.

Aspecto. Se suele presentar en agregados fibrosos, dendríticos y en masas terrosas y pulverulentas de color gris plata y gris negruzco.

Propiedades físicas. Muy blando (H= 1-2), pesado (4,7-5), polvo de color negro, exfoliación inexistente, fractura concoidea, brillo semimetálico y opaco.

Formación. Este óxido es de origen sedimentario fundamentalmente, como depósito químico en antiguas lagunas y pantanos. También se presenta como mineral secundario en yacimientos manganesíferos.

Yacimientos. Puede encontrarse en las inmediaciones de Lojilla-Venta Valero (Alcalá la Real) asociado al vulcanismo submarino que tuvo lugar durante el Jurásico Medio (lavas almohadilladas). También es muy común en forma de dendritas en numerosas rocas, principalmente de naturaleza carbonatada.

Paragénesis. Se puede encontrar asociado a magnetita y psilomelana.

Usos. Es uno de los minerales más importantes para la extracción de manganeso.

Posibles confusiones. Los agregados dendríticos son a veces muy llamativos, con un aspecto que recuerda a pequeñas plantas, lo que lleva con frecuencia a confundir estas dendritas de origen mineral con fósiles vegetales.

Psilomelana—$(Ba, Mn)_3(O, OH)_6Mn_8O_{16}$

Sistema cristalino. Rómbico.

Aspecto. Masivo y estalactítico de color negro.

Propiedades físicas. Duro (H= 5-6), pesado (3,7-4,7), polvo de color negro pardusco, brillo semimetálico y opaco.

Formación. Es un mineral secundario que aparece normalmente con la pirolusita y cuyo origen es similar al de este mineral.

Yacimientos. Se ha descrito junto a pirolusita en las rocas volcánicas del sector Lojilla-Venta Valero en las inmediaciones de Alcalá la Real.

Paragénesis. Asociado a pirolusita.

Usos. Es una mena de manganeso.

Minerales parecidos. La pirolusita, de la que se distingue por su mayor dureza.

Rutilo—TiO_2

Sistema cristalino. Tetragonal.

Aspecto. Se presenta en cristales prismáticos y aciculares; a veces, en haces en el interior de otros minerales, de color rojo, pardo, negro y amarillo, también en masas compactas.

PROPIEDADES FÍSICAS. Duro (H= 6-6,5), pesado (4,3), polvo de color marrón amarillento, exfoliación perfecta, brillo adamantino, translúcido-transparente.

FORMACIÓN. En rocas ígneas y metamórficas como mineral accesorio y también en yacimientos de origen sedimentario.

YACIMIENTOS. En la cuarcita ordovícica en Santa Elena y Aldeaquemada junto a los minerales que se indican en la paragénesis.

PARAGÉNESIS. Asociado a ilmenita, magnetita, circón y monacita en arenas negras y como inclusión mineral en cuarzo y micas.

USOS. Es el mineral más importante para la extracción del titanio tras la ilmenita, empleado para fabricar esmaltes y pinturas y como metal especial en la industria aeronáutica.

MINERALES PARECIDOS. La turmalina, que es más dura, y la magnetita, que tiene una raya de color distinto y es muy magnética.

Uraninita o Pechblenda—UO_2

SISTEMA CRISTALINO. Cúbico.

ASPECTO. Se presenta en forma de cristales cúbicos u octaédricos o como agregados reniformes o en masas pulverulentas de color negro a negro verdoso.

Propiedades físicas. Duro (H= 4-6), muy pesado (7,5-9,7), polvo de color negro pardusco, brillo submetálico o mate, muy radiactivo.

Formación. Es constituyente primario de rocas ígneas graníticas y de pegmatitas. También se encuentra en filones hidrotermales de alta temperatura.

Yacimientos. Junto a autunita, torbernita y minerales de cobre en el término municipal de Andújar, cerca del Santuario de la Virgen de la Cabeza (mina "La Virgen") y relacionados con el Batolito de Los Pedroches. Estos yacimientos han sido objeto de explotación. También se ha descrito pechblenda en el yacimiento Collado Verde al este de Cazorla junto a sulfuros de cobre y en forma de filoncillos en las calizas triásicas.

Usos. Materia prima para la obtención de uranio y radio.

Haluros

Fluorita—CaF_2

Sistema cristalino. Cúbico.

Aspecto. Se presenta en forma de cristales de hábito cúbico y octaédrico muy bien formados, frecuentemente con maclas de compenetración de los cubos y de color variado (blanco, amarillo, verde, violáceo, rojo, etc.). Algunos cristales presentan bandas de color variable.

PROPIEDADES FÍSICAS. Semiduro (H= 4), pesado (3,1-3,3), polvo de color blanco, exfoliación octaédrica perfecta y fractura desigual, brillo vítreo, fluorescente y en estado puro es perfectamente transparente.

FORMACIÓN. Este haluro se encuentra en filones hidrotermales de temperatura media y alta, asociado a sulfuros de plomo, cinc, plata y barita. A veces se ha identificado en pegmatitas y como mineral de origen secundario aparece en cavidades de numerosas rocas.

YACIMIENTOS. En las inmediaciones de la localidad jiennense de Mures se han obtenido ejemplares notables.

PARAGÉNESIS. Asociado a galena, esfalerita, calcita, dolomita, barita, apatito y casiterita.

USOS. Es el mineral más importante para la producción de ácido fluorhídrico. Se emplea en óptica y en las industrias metalúrgica, cerámica y de plásticos.

MINERALES PARECIDOS. La calcita, que es un mineral más blando y el cuarzo, que es más duro.

Halita o sal común—NaCl

SISTEMA CRISTALINO. Cúbico.

ASPECTO. Generalmente se presenta en masas granulares, fibrosas, compactas y en cristales cúbicos incoloros o de coloración variada (amarillos, rojos, pardos, azules).

PROPIEDADES FÍSICAS. Blando (H= 2-2,5), ligero (2,1-2,2), polvo de color blanco, exfoliación en cubos perfecta, fractura concoidea, translúcido-transparente, de sabor salado.

FORMACIÓN. Es un mineral muy corriente en capas y masas irregulares precipitado por evaporación con otras sales.

YACIMIENTOS. Puesto que la sal de manantial se produce preferentemente en afloramientos triásicos, en Jaén existen explotaciones intermitentes de esta naturaleza. Además, en Úbeda se encuentra uno de los yacimientos de sal gema más importantes de la península.

PARAGÉNESIS. Asociado a otras sales de potasio y magnesio, yeso y anhidrita.

USOS. Es un componente indispensable para la alimentación humana y animal. Se usa en la industria conservera y en la química como fuente de sodio y cloro para la producción de sosa y de ácido clorhídrico.

MINERALES PARECIDOS. La fluorita, pero esta es más dura, presenta exfoliación en octaedros y no es soluble en agua, ni salada como la halita.

Carbonatos

Anquerita—$CaFe(CO_3)_2$

SISTEMA CRISTALINO. Trigonal.

ASPECTO. Se presenta normalmente en forma de romboedros sencillos, agregados compactos, finos o granudos, de color pardo a pardo amarillento.

PROPIEDADES FÍSICAS. Semiduro (H= 3,5–4), ligero (3), muy frágil, polvo de color blanco o amarillo, exfoliación buena según el romboedro, brillo vítreo o perlado y de transparente a translúcido.

FORMACIÓN. La anquerita es un carbonato de origen sedimentario común en las formaciones de hierro.

YACIMIENTOS. Es abundante. Puede encontrarse fácilmente en los alrededores de las aldeas de Charilla, Villalobos, Fuente Álamo o Caserías de San Isidro entre otros muchos sitios. Es la ganga predominante en los yacimientos de galena argentífera en el distrito minero de Linares y La Carolina.

PARAGÉNESIS. Asociado a otros carbonatos, cuarzo, barita y sulfuros de Pb, Zn, Fe y Cu, entre otros.

USOS. Como piedra de edificación y ornamentación y en la fabricación de algunos cementos.

MINERALES PARECIDOS. Es semejante a la dolomita en sus propiedades físicas y químicas, distinguiéndose por su color, que varía del pardo a pardo amarillento.

Azurita—$Cu_3(CO_3)_2(OH)_2$

SISTEMA CRISTALINO. Monoclínico.

ASPECTO. En forma de cristales prismáticos cortos o tabulares gruesos, estriados y, a veces, concrecionados o como agregados radiales de color azul intenso.

PROPIEDADES FÍSICAS. Blando (H= 3,5-4), pesado (3,7-3,9), frágil, polvo de color azul, exfoliación perfecta, fractura concoidea, brillo vítreo y transparente a translúcido.

FORMACIÓN. Este carbonato hidratado de cobre es un mineral secundario cuyo origen se halla ligado a yacimientos de sulfuros de cobre en ambientes carbonatados. En este proceso, el cobre es removilizado por aguas ricas en oxígeno y posteriormente precipita en grietas y oquedades. También se forma en impregnaciones de arenas por precipitación a partir del agua circulante.

YACIMIENTOS. En areniscas de edad triásica, asociado a malaquita en forma de pequeñas costras sobre carbonatos, como se ha descrito en Navas de San Juan. En el distrito minero Linares-La Carolina como mineral de alteración y en Andújar.

Paragénesis. Asociado a calcosina, cuprita, malaquita, a la que frecuentemente se transforma, calcita y otros minerales secundarios de cobre.

Usos. Mena del cobre. Se utiliza para fabricar objetos de decoración, como piedra ornamental y, en ocasiones, como gema. Antiguamente se usaba como pigmento.

Calcita—$CaCO_3$

Sistema cristalino. Trigonal.

Aspecto. Son frecuentes los cristales romboédricos, escalenoédricos ("dientes de perro") y prismáticos blanquecinos, incoloros, pero también rosas, amarillos, verdes, etc. También se encuentra en masas microcristalinas compactas (calizas), fibrosas (alabastros), concrecionales (estalactitas y estalagmitas) y sacaroideas (mármoles).

Propiedades físicas. Semiduro (H= 3), ligero (2,7), polvo de color blanco, exfoliación perfecta, brillo vítreo, translúcido-transparente y con frecuencia fluorescente.

Formación. De origen sedimentario, se forma por procesos biogénicos y bioquímicos en el seno de organismos marinos, cuyos caparazones carbonatados dan lugar, tras su depósito, a sedimentos de naturaleza clacárea y, posteriormente, a rocas carbonáticas. También se encuentra en rocas metamórficas y en filones hidrotermales.

Yacimientos. Son de una gran calidad las grandes masas espáticas, a veces coloreadas, que aparecen junto a la galena en Linares y La Carolina. Además, la calcita es muy abundante en Jaén, como constituyente principal de las calizas, especialmente en el sur y este de la provincia (Jabalcuz, Sierra de Grajales, Sierra Mágina, Sierra de la Pandera, Sierra del Trigo, Sierra de Segura, Cazorla y Las Villas, entre otras). En algunas cuevas como la del Arroyo de la Rambla en Peal de Becerro o la Sima de Lemus en Valdepeñas de Jaén se presenta en notables estalactitas y estalagmitas.

Paragénesis. Asociado a dolomita, cuarzo, arcillas, galena y esfalerita.

Usos. En metalurgia, industria química (fabricación de cementos y cal) y fertilizantes. Las calizas se emplean en construcción y para escultura.

Minerales parecidos. Entre otros, el cuarzo, que es más duro; el yeso que es más blando y la dolomita, que no efervesce con ácido clorhídrico diluido como sí sucede con la calcita.

Cerusita—$PbCO_3$

SISTEMA CRISTALINO. Rómbico.

ASPECTO. Se presenta en forma de cristales de hábito prismático de base rómbica y tabulares, también en masas granudas grises y en masas cristalinas aciculares con aspecto de pajuelas de color blanco crema o incoloro.

PROPIEDADES FÍSICAS. Blando (H= 3-3,5), muy pesado (6,4-6,6), polvo de color blanco, frágil, brillo vítreo, transparente-translúcido.

FORMACIÓN. De origen secundario por alteración de la galena.

YACIMIENTOS. Constituye junto a la anglesita y la galena la mena principal del distrito minero de Linares-La Carolina.

PARAGÉNESIS. Asociado a minerales primarios (esfalerita y galena) y secundarios (anglesita, smithsonita y goethita, entre otros).

USOS. Constituye una mena importante del plomo.

Dolomita—$CaMg(CO_3)_2$

SISTEMA CRISTALINO. Trigonal.

ASPECTO. Se presenta como cristales romboédricos incoloros, de color blanco amarillento o rosado y como agregados cristalinos compactos (dolomías).

Propiedades físicas. Semiduro (H= 3,5-4), ligero (2,9-3), polvo de color blanco, exfoliación perfecta, fractura concoidea, brillo vítreo y transparente-translúcido.

Formación. En filones hidrotermales de baja temperatura y en ambientes sedimentarios marinos por sustitución de parte de calcio, presente en los depósitos calcáreos, por el magnesio existente en el agua. Es un constituyente fundamental de las rocas sedimentarias carbonatadas.

Yacimientos. Es abundante en Jaén, especialmente en el sur y este de la provincia como constituyente principal de las dolomías (en Jabalcuz, Sierra de Grajales, Sierra Mágina, Sierra de la Pandera, Sierra del Trigo, Sierra de Segura, Cazorla y Las Villas, entre otras). Además es un componente importante de algunos filones en las minas del distrito de Linares-La Carolina y se ha descrito también en Bailén y Guarromán.

Paragénesis. Asociado a otros carbonatos (calcita, magnesita, etc.), galena, esfalerita, pirita y cuarzo.

Usos. Se emplea en la siderurgia, en la industria química, en la cementera y como piedra ornamental. Posee interés científico y coleccionista.

Minerales parecidos. La calcita, que produce efervescencia con el ácido clorhídrico diluido en frío; el cuarzo y el yeso, que son, respectivamente más duro y más blando que la dolomita.

Malaquita—$Cu_2CO_3(OH)_2$

Sistema cristalino. Monoclínico.

Aspecto. Son muy frecuentes las pátinas y las masas compactas de estructura concrecionada y zonada de color verde esmeralda. Son raros los cristales prismáticos aciculares y fibroso-radiales.

Propiedades físicas. Blando (H= 3,5-4), pesado (4), frágil, polvo de color verde claro, exfoliación perfecta, fractura concoidea, brillo vítreo y translúcido.

Formación. Este carbonato hidratado de cobre se forma a partir de yacimientos de sulfuros de cobre en ambientes carbonatados. En este proceso, el cobre es removilizado por aguas ricas en oxígeno y, posteriormente, precipita en grietas y oquedades. En impregnaciones de arenas como precipitados a partir del agua circulante.

Yacimientos. En areniscas triásicas junto a Navas de San Juan, en forma de pequeñas costras sobre carbonatos. En el distrito minero Linares-La Carolina, como mineral de alteración, en Andújar y Villanueva de la Reina.

Paragénesis. Asociado a cobre nativo, calcosina, cuprita, azurita, calcita, hematites y otros minerales secundarios de cobre.

Usos. Es una mena del cobre. Se utiliza para fabricar objetos de decoración, como piedra ornamental y, en ocasiones, como gema. Antiguamente se usaba como pigmento.

Siderita—$FeCO_3$

Sistema cristalino. Trigonal.

Aspecto. Sobre todo en masas compactas de color blanco amarillento, pardo y en ocasiones negro y en forma de cristales romboédricos curvos.

Propiedades físicas. Semiduro (H= 4–4,5), pesado (3,7–3,9), polvo de color blanquecino, exfoliación romboédrica perfecta, fractura concoidea, brillo vítreo y transparente-translúcido.

Formación. En filones hidrotermales de temperatura media-baja y en depósitos sedimentarios de origen químico.

Yacimientos. Como ganga se encuentra en innumerables yacimientos metálicos de Andalucía, entre los que destacan los de Linares y La Carolina. También se ha descrito en El Centenillo y en Baños de la Encina.

Paragénesis. Asociado a otros carbonatos (calcita, dolomita, anquerita), cuarzo, barita, sulfuros de Pb, Zn, Fe y Cu, entre otros.

Usos. Es una importante mena de hierro. Posee interés científico y coleccionista.

Minerales parecidos. La calcita, que produce efervescencia con ácido clorhídrico diluido en frío.

Smithsonita—$ZnCO_3$

Sistema cristalino. Trigonal.

Aspecto. Suele presentarse en forma de agregados arriñonados cristalinos o terrosos, masas granulares y, a veces, como costras de colores variados (amarillo, azul, morado, verde, etc.).

Propiedades físicas. Semiduro (4-4,5), pesado (4,3-4,5), polvo de color blanco, exfoliación perfecta, brillo vítreo y translúcido.

Formación. De origen secundario, por alteración de esfalerita.

Yacimientos. En el distrito minero de Linares.

Paragénesis. Asociado a esfalerita inalterada, calcita, dolomita, cerusita, linarita y óxidos de hierro, entre otros.

Usos. Es una de las menas más importantes del cinc.

Fosfatos

Autunita—$Ca(UO_2)_2(PO_4)_2$ 10–12H_2O

Sistema cristalino. Tetragonal.

Aspecto. Se presenta en forma de agregados hojosos, costras y cristales tabulares delgados de formas rectangulares o piramidales de color amarillo brillante o amarillo verdoso.

Propiedades físicas. Blando (H= 2-2,5), pesado (3,2), polvo de color amarillo pálido, exfoliación perfecta, brillo vítreo y radiactivo.

Formación. En venas de origen hidrotermal, en depósitos sedimentarios y como producto de alteración de uraninita u otros minerales de uranio.

Yacimientos. En Andújar es relativamente abundante y con buenos ejemplares en la mina "La Virgen".

Paragénesis. Asociado a torbernita.

Usos. Mena secundaria de uranio.

Monacita—PO_4(Ce, La, Y, Th)

Sistema cristalino. Monoclínico.

Aspecto. Se presenta en forma de cristales generalmente pequeños, tabulares o prismáticos y en forma de masas granulares de color amarillento a castaño rojizo.

Propiedades físicas. Duro (H= 5-5,5), muy pesado (4,8-5,5), polvo de color marrón, exfoliación mala, brillo resinoso, translúcido.

Formación. Es un mineral raro, que aparece como accesorio en rocas ígneas (granitos, pegmatitas) y como granos rodados en arenas formadas a partir de estas rocas, donde se concentra gracias a su resistencia física y alto peso específico.

YACIMIENTOS. En las cuarcitas de Sierra Morena (Despeñaperros) se ha identificado monacita junto a circón, ilmenita y rutilo.

USOS. Es la fuente principal de óxido de torio.

Torbernita—$Cu(UO_2)_2(PO_4)_2$ 8–12H_2O

SISTEMA CRISTALINO. Tetragonal.

ASPECTO. En forma de agregados hojosos o costras de intenso color verde.

PROPIEDADES FÍSICAS. Blando (H= 2-2,5), pesado (3,2), polvo de color verde pálido, exfoliación perfecta, brillo vítreo y radiactivo.

FORMACIÓN. En venas de origen hidrotermal, en depósitos sedimentarios y como producto de alteración de uraninita u otros minerales de uranio.

YACIMIENTOS. En Andújar es relativamente abundante y con buenos ejemplares en la mina "La Virgen".

PARAGÉNESIS. Asociado a autunita.

USOS. Mena secundaria de uranio.

Turquesa—$CuAl_6(PO_4)_8$ $(OH)_8$ 4H_2O

SISTEMA CRISTALINO. Triclínico.

Aspecto. Suele presentarse en forma masiva, formando pequeños nódulos, costras o masas concrecionales de color azul turquesa y rara vez en forma de cristales de hábito prismático corto.

Propiedades físicas. Duro (H= 5-6), ligero (2,7), polvo de color azul, frágil, exfoliación perfecta, brillo vítreo y transparente en secciones delgadas.

Formación. Es un mineral raro, que se forma por la acción de soluciones fosfatadas sobre rocas muy ricas en aluminio.

Yacimientos. En Andújar, en forma de pequeñas vetas asociadas a otros fosfatos al norte del Santuario de Nuestra Señora de la Cabeza.

Paragénesis. Asociada a otros fosfatos.

Usos. Muy apreciado en joyería como gema.

Sulfatos

Anglesita—$PbSO_4$

Sistema cristalino. Rómbico.

Aspecto. Se presenta en cristales de color blanco amarillento o incoloro, de hábitos variados, entre los que destaca el hábito prismático y en masas granulares o compactas de aspecto terroso en capas concéntricas, con un núcleo inalterado de galena.

PROPIEDADES FÍSICAS. Blando (H= 3), muy pesado (6,3), polvo de color blanco, fractura concoidea, brillo vítreo y transparente-translúcido.

DIAGNÓSTICO. Se reconoce con facilidad por su gran peso específico, brillo adamantino y su frecuente asociación con la galena.

FORMACIÓN. De origen secundario a partir de la galena.

YACIMIENTOS. Constituye junto a la cerusita y la galena la mena principal del distrito minero de Linares-La Carolina.

PARAGÉNESIS. Asociado a galena, cerusita y óxidos de hierro.

USOS. Se trata de una mena secundaria de plomo.

Barita—$BaSO_4$

SISTEMA CRISTALINO. Rómbico.

ASPECTO. Son cristales de color blanco, amarillo o rosado, generalmente tabulares y, a veces, en forma de rombo. También se presenta en láminas gruesas, granular y terroso. Las concreciones en abanico de cristales tabulares dan lugar a las "rosas de barita".

Propiedades físicas. Blando (H= 3-3,5), pesado (4,5), polvo de color blanco, exfoliación perfecta, brillo vítreo y transparente-translúcido.

Diagnóstico. Se reconoce fácilmente por su alto peso específico y la forma de los cristales.

Formación. Es un sulfato común, generalmente como ganga en los filones metalíferos hidrotermales de baja temperatura, en filones de calizas y, en ocasiones, como toba depositada en aguas termales.

Yacimientos. En El Centenillo, Bailén y Linares, en los conglomerados de la base del Triásico, asociado ocasionalmente a yacimientos de barita-plomo con interés económico. La barita se dispone rellenando huecos y formando venas irregulares centimétricas. También hay concreciones de barita al sur de Valdepeñas de Jaén.

Paragénesis. Asociado especialmente a menas de plata, plomo, cobre, cobalto, manganeso y antimonio.

Usos. Se emplea en la industria química, en medicina y en la industria papelera entre otros.

Minerales parecidos. Es difícil distinguirla de la celestina, cuyos cristales suelen tener el brillo vítreo más acentuado. Es mucho más pesada que la calcita y el yeso, mientras que el cuarzo y los feldespatos son más ligeros y duros.

Celestina—$SrSO_4$

SISTEMA CRISTALINO. Rómbico.

ASPECTO. En forma de cristales tabulares, prismáticos alargados, fibrosos y en nódulos o en masas granulares, compactas de colores pálidos (celeste, blanco lechoso, amarillento, rojizo, incoloro).

PROPIEDADES FÍSICAS. Blando (H= 3-3,5), pesado (3,4-4), frágil, polvo de color blanco, exfoliación perfecta, brillo vítreo y transparente-translúcido.

DIAGNÓSTICO. Se parece mucho a la barita, pero su peso específico es inferior.

FORMACIÓN. Este sulfato se encuentra en rocas sedimentarias de origen marino y raras veces en filones hidrotermales metalíferos asociado a galena y esfalerita. También se presenta como diseminaciones en calizas y areniscas o asociado al yeso.

YACIMIENTOS. Como ganga de los minerales de plomo en Linares y La Carolina. En las proximidades de Jaén (Puente Tablas) se llegó a explotar y se han identificado hermosos cristales de celestina en relación con yacimientos de edad triásica.

PARAGÉNESIS. Asociado a calcita, dolomita, yeso, halita y fluorita, entre otros.

Usos. Es el principal mineral para la extracción de estroncio. Se suele utilizar en la industria azucarera y en la pirotécnica, entre otras.

Minerales parecidos. La barita, con peso específico muy alto; el yeso, más blando y la calcita que efervesce con ácido clorhídrico diluido.

Linarita—$PbCu(SO_4)(OH)_2$

Sistema cristalino. Monoclínico.

Aspecto. En costras, agregados prismáticos y pequeños cristales de hábito tabular de color azul intenso.

Propiedades físicas. Blando (H= 2,5), muy pesado (5,3), polvo de color azul, exfoliación perfecta, brillo vítreo y transparente.

Formación. Es un mineral secundario que se forma en la zona de oxidación de yacimientos de cobre y plomo.

Yacimientos. En Linares se ha descrito en forma de cristales bien desarrollados asociados a smithsonita y óxidos de hierro.

Etimología. De Linares, lugar donde por primera vez fue descrito en 1822.

Minerales parecidos. La azurita, de la que a menudo sólo se puede distinguir mediante criterios químicos.

Yeso—$CaSO_4 \cdot 2H_2O$

SISTEMA CRISTALINO. Monoclínico.

ASPECTO. En cristales tabulares o fibrosos de gran tamaño, también masivo o finamente granudo (alabastro) de color blanco o grisáceo y, a veces, en forma de punta de flecha.

PROPIEDADES FÍSICAS. Blando (H= 2), ligero (2,3), polvo de color blanco, exfoliación perfecta en hojas, brillo vítreo y transparente-translúcido.

FORMACIÓN. De génesis variada: en depósitos evaporíticos asociado a antiguos lagos o mares salados, por hidratación de la anhidrita (sulfato cálcico) y con frecuencia intercalado en calizas y pizarras.

YACIMIENTOS. En Alcaudete, Frailes, Huelma, Cabra del Santo Cristo, Hinojares, Martos, Jódar y Jaén (Puente Tablas).

PARAGÉNESIS. Asociado a minerales muy diferentes: arcillas, materiales calcáreos (calcita y dolomita), anhidrita, halita, azufre, pirita y cuarzo.

USOS. En la producción de escayola y como material de construcción para enyesado de paredes, molduras y vaciados. La variedad alabastro se talla y pule con fines ornamentales.

Wolframatos y Molibdatos

Scheelita—$CaWO_4$

SISTEMA CRISTALINO. Tetragonal.

ASPECTO. Se presenta en cristales generalmente bipiramidales y, a veces, masivo, granular, de color blanco lechoso.

PROPIEDADES FÍSICAS. Semiduro (H= 4,5-5), muy pesado (5,9-6,1), polvo de color blanco, exfoliación buena, brillo vítreo y transparente-translúcido.

FORMACIÓN. En filones hidrotermales de alta temperatura, en pegmatitas y depósitos metamórficos de contacto.

YACIMIENTOS. Es abundante en Marmolejo en forma de pirámides tetragonales y en el distrito minero de Linares.

PARAGÉNESIS. Asociado a casiterita, fluorita, apatito y wolframita, entre otros.

USOS. Constituye una mena importante del wolframio.

Wolframita—$(Fe, Mn)WO_4$

SISTEMA CRISTALINO. Monoclínico.

ASPECTO. Generalmente en cristales tabulares gruesos o prismáticos, aciculares o radiados de color marrón oscuro a negro. También se encuentra en forma de agregados hojosos.

Propiedades físicas. Duro (H= 5-5,5), muy pesado (7-7,5), polvo de color pardo-negruzco, exfoliación perfecta, brillo semimetálico a resinoso y opaco.

Diagnóstico. El color oscuro, la dirección única de exfoliación perfecta y su alto peso específico sirven para distinguir la wolframita de los demás minerales.

Formación. Es un mineral relativamente raro, que se forma a altas temperaturas y se halla, generalmente, en venas de cuarzo y pegmatitas, asociado al granito.

Yacimientos. En Jaén se ha descrito en Marmolejo, en el borde sur del Batolito de Los Pedroches, en Baños de la Encina, Linares y Vilches.

Paragénesis. Asociado a la casiterita, scheelita, bismuto, cuarzo, galena, pirita y esfalerita, entre otros.

Usos. Constituye la mena más importante del wolframio y se emplea en la fabricación de herramientas variadas.

Minerales parecidos. La casiterita, pero su exfoliación es imperfecta.

Wulfenita—$PbMoO_4$

Sistema cristalino. Tetragonal.

Aspecto. En masas, costras, como gránulos y cristales tabulares de sección cuadrada de color amarillo anaranjado.

Propiedades físicas. Blando (H= 3), muy pesado (6,7-6,9), polvo de color blanco amarillento, exfoliación buena, fractura concoidea, brillo vítreo y transparente-translúcido.

Formación. En la zona de oxidación de los yacimientos de plomo.

Yacimientos. En el distrito minero de Linares-La Carolina se han descrito cristales de wulfenita bipiramidales de color amarillo intenso.

Paragénesis. Asociado a cerusita, galena y anglesita, entre otros.

Usos. En coleccionismo y de importancia secundaria para la extracción de molibdeno.

Silicatos

Albita o Feldespato Sódico—$NaAlSi_3O_8$

Sistema cristalino. Triclínico.

Aspecto. En cristales prismáticos tabulares o columnares, con frecuencia maclados, de color blanco.

Propiedades físicas. Duro (H= 6–6,5), ligero (2,6), polvo de color blanco, exfoliación perfecta, brillo vítreo y translúcido.

DIAGNÓSTICO. La albita suele presentar estriaciones o surcos paralelos en su superficie.

FORMACIÓN. En rocas ígneas plutónicas y volcánicas, en rocas sedimentarias detríticas (areniscas) y rocas metamórficas foliadas.

YACIMIENTOS. En las rocas graníticas del plutón de Santa Elena y en el Batolito de Los Pedroches.

USOS. En la fabricación de porcelanas, esmaltes cerámicos y vidrios.

MINERALES PARECIDOS. El yeso, la barita, la calcita y la dolomita, que son más blandos.

Andalucita—Al_2SiO_5

SISTEMA CRISTALINO. Rómbico.

ASPECTO. En forma de cristales prismáticos de base cuadrada, con núcleos cruciformes (quiastolita) y, a veces, en masas columnares, lenticulares o radiales de color variado (rosado, blanco, violeta, rojo, entre otros).

PROPIEDADES FÍSICAS. Muy duro (7-7,5), pesado (3,2), polvo de color blanco, brillo vítreo y translúcido.

FORMACIÓN. Es, sobre todo, un mineral típico de procesos metamórficos de contacto entre granitos y rocas arcillosas (pizarras).

YACIMIENTOS. En Linares, La Carolina y Santa Elena a consecuencia del metamorfismo de contacto desencadenado, por ejemplo, en el plutón de Santa Elena con la consiguiente génesis de andalucita en las pizarras encajantes.

PARAGÉNESIS. Asociado a otros minerales de origen metamórfico como anfíboles y epidotas.

USOS. Se emplea en bujías de encendido y como material refractario en cerámicas de alta calidad.

ETIMOLOGÍA. Su nombre procede del de Andalucía.

Anfíboles (véase ferroactinolita)

Biotita (Mica negra)—$K(Fe, Mg)_3(Si_3Al)O_{10}(OH, F)_2$

SISTEMA CRISTALINO. Monoclínico.

ASPECTO. Se presenta en láminas o escamas de morfología hexagonal o en agregados hojosos de color negro, verde oscuro y, a veces, dorado.

PROPIEDADES FÍSICAS. Blando (H= 2,5–3), ligero (3), polvo de color blanco, exfoliación perfecta en láminas, brillo nacarado, transparente y elástico.

FORMACIÓN. En casi todas las rocas ígneas (granitos, granodioritas, dioritas) y en numerosas rocas metamórficas.

YACIMIENTOS. En las rocas graníticas de Linares y Santa Elena. También en los materiales graníticos del Batolito de Los Pedroches.

Paragénesis. Asociado a otros silicatos (cuarzo, clorita, moscovita, granates y feldespatos, entre otros).

Usos. Interés puramente científico y coleccionista.

Circón—$ZrSiO_4$

Sistema cristalino. Tetragonal.

Aspecto. Es frecuente encontrarlo como cristales prismáticos cortos o bipiramidales o en gránulos redondeados de color rojo pardusco, pardo, gris, verde o incoloro.

Propiedades físicas. Muy duro (H= 7,5), pesado (3,9-4,8), polvo de color entre gris y blanco, exfoliación imperfecta, brillo adamantino y, generalmente, translúcido.

Formación. Es común en toda clase de rocas ígneas como mineral accesorio y, por el hecho de ser estable, en placeres fluviales y costeros.

Yacimientos. En Jaén se ha identificado circón en las cuarcitas de Sierra Morena (Despeñaperros) junto a monacita, rutilo e ilmenita, aunque con serias dificultades de concentración económica.

Paragénesis. Asociado a magnetita, hematites, rutilo y monacita en arenas negras y a otros silicatos en rocas ígneas.

Usos. Se utiliza en joyería y como material refractario para cerámica, pigmentos y esmaltes.

Clorita—$(Mg,Fe)_5Al(Si_3Al)O_{10}(OH,O)_8$

Sistema cristalino. Monoclínico.

Aspecto. En forma de masas compactas o escamosas de color verde.

Propiedades físicas. Blando (H= 2–2,5), ligero-pesado (2,6–3,3), polvo de color negro o blanco (depende de la composición química), exfoliación perfecta en láminas, brillo vítreo, transparente y flexible.

Formación. Como principal componente de pizarras cloríticas, producto de alteración hidrotermal de silicatos y producto de alteración de biotitas en rocas ígneas.

Yacimientos. En las pizarras encajantes del stock de Santa Elena.

Paragénesis. Asociado a otros silicatos (micas, cuarzo, feldespatos y granates, entre otros).

Crisocola—$Si_2O_5(OH)_4H_2Cu_2$

Sistema cristalino. Generalmente amorfa.

Aspecto. La crisocola es parcialmente cristalino y como tal no puede considerarse un mineral en sentido estricto. Su aspecto es masivo o compacto, a veces, terroso y de color verde-azul verdoso.

Propiedades físicas. Blando (H= 2–4), ligero (2–2,4), polvo de color verde, fractura concoidea y brillo vítreo.

Formación. Es un mineral de origen secundario, que aparece en la zona de oxidación de los filones de cobre.

Yacimientos. En la Sierra de San Pedro (Alcalá la Real) asociado a algunos afloramientos de rocas volcánicas básicas de edad jurásica, en Andújar, Linares y Navas de San Juan.

Paragénesis. Asociado a otros minerales de cobre como la malaquita, azurita, cuprita y cobre nativo.

Usos. Es una mena menor del cobre.

Cuarzo—SiO_2

Sistema cristalino. Trigonal.

Aspecto. En cristales prismáticos, a veces de tamaño considerable, coronados por una pirámide trigonal, aislados o en agrupaciones formando drusas o geodas. Los cristales de cuarzo pueden presentar inclusiones de otros minerales, agua o gases. A veces, forma masas compactas o agregados de cristales irregulares. En cuanto al color, este es muy variado. En función del mismo se asignan distintos nombres a las variedades cristalinas del cuarzo (cristal de roca si es incoloro, amatista si es violáceo, jacinto de compostela si es rojo, ahumado si es gris o negro, citrino si es amarillento, lechoso si es de color blanco, etc.).

Propiedades físicas. Muy duro (H= 7), ligero (2,5-2,6), polvo incoloro, brillo vítreo y transparente.

Formación. Es muy abundante y se encuentra en todo tipo de rocas. Es componente fundamental de las rocas ígneas ácidas, pero debido a que es muy resistente también forma parte de rocas sedimentarias y metamórficas.

Yacimientos. Como ganga predominante en los filones hidrotermales con sulfuros del distrito minero Linares-La Carolina y en Carchelejo. La variedad roja, el Jacinto de Compostela, es relativamente frecuente en las arcillas y arenas rojas del Triásico y se ha descrito en las inmediaciones de Huelma.

Usos. Es muy usado en la industria óptica, en aparatos de precisión y científicos. Como arena se emplea en morteros de hormigón y en polvo para la fabricación de porcelanas, pinturas, papel de esmeril, pastillas abrasivas y como relleno de madera.

Minerales parecidos. La calcita y la dolomita, que son más blandos.

Feldespatos (véase Albita y Ortoclasa)

Ferroactinolita—$Ca_2(Fe, Mg)_5Si_8O_{22}(OH)_2$

Sistema cristalino. Monoclínico.

Aspecto. En forma de haces radiales de cristales aciculares, a veces, de gran longitud y en masas fibrosas de color gris oscuro o negro.

Propiedades físicas. Duro (H= 5-6), pesado (3,4), polvo de color blanco verdoso, exfoliación prismática perfecta, brillo vítreo y transparente-translúcido.

Formación. En rocas sedimentarias (calizas y dolomías granudas) y en rocas metamórficas (pizarras y corneanas).

Yacimientos. Se han descrito en distintas localidades de la provincia como Pozo Alcón y Cambil entre otras.

Paragénesis. Asociado a clorita, epidota, serpentina y talco.

Granates, variedad almandino—$Fe_3Al_2(SiO_4)_3$ y variedad uvarovita—$Mg_3Cr_2(SiO_4)_3$

Sistema cristalino. Cúbico.

Aspecto. En cristales bien formados y de muchas caras, de hábito variable de color rojo (almandino) o verde esmeralda (uvarovita).

Propiedades físicas. Muy duro (H= 6,5–7,5), pesado (3,6), polvo de color blanco, fractura angular, brillo vítreo y transparente-translúcido.

Diagnóstico. Los granates se reconocen fácilmente por sus cristales del sistema cúbico característicos, su dureza y color.

Formación. En micasquistos granatíferos (principalmente almandino) y en sedimentos calcáreos metamorfizados (principalmente uvarovita).

Yacimientos. En Linares (almandino) y en Alamedilla (uvarovita).

Paragénesis. Asociados a otros silicatos (serpentina, cianita, piroxenos, entre otros).

Usos. Ambas variedades se emplean como gemas y, en general, como abrasivos por su dureza y fractura angular poco común.

Moscovita (Mica blanca)—$KAl_2(Si_3Al)O_{10}(OH, F)_2$

Sistema cristalino. Monoclínico.

Aspecto. Se presenta en láminas o escamas de morfología hexagonal o en agregados hojosos de color blanco grisáceo.

Propiedades físicas. Blando (H= 2-2,5), ligero (2,8), polvo de color blanco, exfoliación perfecta en láminas, brillo nacarado, transparente y elástico.

Formación. En rocas ígneas intrusivas ácidas (granitos, granodioritas y pegmatitas) y en esquistos micáceos.

También puede identificarse en rocas sedimentarias tales como las areniscas y arcillitas.

YACIMIENTOS. En las pegmatitas así como en las pizarras encajantes del plutón de Santa Elena. También en los materiales graníticos del Batolito de Los Pedroches.

PARAGÉNESIS. Asociado a otros silicatos (cuarzo, clorita y feldespatos, entre otros).

USOS. Se emplea como aislante térmico y eléctrico.

MINERALES PARECIDOS. El talco, que es más blando y la clorita, generalmente de color verde.

Ortoclasa o Feldespato Potásico—$KAlSi_3O_8$

SISTEMA CRISTALINO. Monoclínico.

ASPECTO. En cristales prismáticos tabulares o columnares, con frecuencia maclados, de color blanco o rosado.

PROPIEDADES FÍSICAS. Duro (H= 6-6,5), ligero (2,6), polvo de color blanco, exfoliación perfecta, brillo vítreo, translúcido.

FORMACIÓN. En rocas ígneas plutónicas y volcánicas, en rocas sedimentarias detríticas (areniscas) y rocas metamórficas foliadas.

YACIMIENTOS. En las rocas graníticas del plutón de Santa Elena y en el Batolito de Los Pedroches.

USOS. En la fabricación de porcelanas, esmaltes cerámicos y vidrios.

Minerales parecidos. El yeso, la barita, la calcita y la dolomita, que son más blandos.

Prehnita—$Ca_2Al_2Si_3O_{10}(OH)_2$

Sistema cristalino. Rómbico.

Aspecto. Es común que se presente en masas de cristales radiados de color verde claro o como cristales tabulares formando crestas.

Propiedades físicas. Duro (H= 6-6,5), ligero (2,9), polvo de color blanco, exfoliación buena, brillo vítreo y transparente-translúcido.

Formación. En grietas, como mineral secundario de rocas volcánicas básicas.

Yacimientos. En Carchelejo, en el Cerro de las Culebras.

Usos. Se puede emplear como piedra ornamental.

Serpentina— $Mg_6Si_4O_{10}(OH)_8$

Sistema cristalino. Monoclínico.

Aspecto. Se presenta macizo, de grano fino o con estructura fibrosa de color verde o blanco amarillento.

Propiedades físicas. Semiduro (H= 3-5), ligero (2,5), polvo de color blanco, brillo entre graso y nacarado, translúcido.

Formación. Es un mineral común y corriente, normalmente presente como producto de alteración de silicatos magnésicos como el olivino, los piroxenos y anfíboles.

YACIMIENTOS. Se ha descrito en Linares y Carchelejo.

USOS. Para realizar objetos ornamentales y la variedad fibrosa, como aislante térmico, acústico y eléctrico.

MINERALES PARECIDOS. El talco, que es más blando.

Turmalina, variedad chorlo—$NaFe^{2+}_3Al_6(BO_3)_3(Si_6O_{18})(OH)_4$

SISTEMA CRISTALINO. Trigonal.

ASPECTO. Se presenta en cristales prismáticos columnares o aciculares y en haces o agregados fibroso-radiales de color negro.

PROPIEDADES FÍSICAS. Muy duro (H= 7-7,5), pesado (3-3,3), polvo de color blanco, fractura concoidea, brillo vítreo, transparente y muy piroeléctrico y piezoeléctrico.

FORMACIÓN. En rocas graníticas, fundamentalmente filones pegmatíticos y en gneises. También se ha descrito en filones hidrotermales de alta temperatura.

YACIMIENTOS. Es la variedad más común de turmalina. En la provincia de Jaén se ha descrito en las rocas graníticas de Linares y Santa Elena.

PARAGÉNESIS. Asociado a otros silicatos en las rocas graníticas (cuarzo, feldespatos, micas y anfíboles).

Usos. La turmalina, en sus distintas variedades, es una preciada gema.

Wollastonita—$CaSiO_3$

Sistema cristalino. Triclínico.

Aspecto. Se presenta en forma de masas blancas fibrosorradiadas u hojosas y, a veces, en cristales tabulares gruesos o prismáticos cortos.

Propiedades físicas. Duro (H= 4,5-5), ligero (2,8), polvo de color blanco, exfoliación perfecta, brillo vítreo y translúcido.

Formación. Como inclusión en rocas volcánicas o por metamorfismo de contacto en calizas cristalinas.

Yacimientos. Se ha descrito en Carchelejo.

3. 4. OTROS MINERALES

A continuación, se citan algunos minerales, que sin ser representativos de la provincia de Jaén, han sido mencionados por alguna razón a lo largo de la sección anterior. Se indica la clase a la que pertenecen y su composición química.

Anhidrita: Sulfato, SO_4Ca
Apatito: Fosfato, $Ca_5(PO_4)_3(F, Cl, OH)$
Cianita o distena: Silicato, Al_2SiO_5

Cinabrio: Sulfuro, HgS

Epidota: Silicato, $(Si_2O_7)(SiO_4)(Al, Fe)Ca_2Al_2O(OH)$

Magnesita: Carbonato, $MgCO_3$

Montmorillonita: Silicato, $(Al, Mg)_8(Si_4O_{10})_3(OH)_{10}\cdot 12H_2O$

Olivino: Silicato, $SiO_4(Mg, Fe)_2$

Plagioclasa: Silicato, Grupo Albita-Anortita

Piroxenos: Silicato, $Si_2O_6(Fe, Mg, Al) (Ca, Na)$

Talco: Silicato, $Mg_3Si_4O_{10}(OH)_2$

4. Rocas

4.1. INTRODUCCIÓN

4.1.1. ¿Qué es una roca?

Una roca es un material sólido que se origina en el interior o en la superficie de la corteza terrestre, como consecuencia de los procesos geológicos endógenos (que tienen lugar en el interior de la tierra) o exógenos (aquellos que suceden en relación con la atmósfera o la hidrosfera). En la mayor parte de los casos, está formado por una asociación de minerales de la misma o de distintas especies; excepcionalmente, algunas rocas volcánicas pueden estar formadas por minerales y vidrio o solamente por vidrio. En definitiva, se considera que una roca es un agregado natural compuesto de uno o varios minerales y, en algunos casos, de elementos procedentes de la actividad de los organismos vivos. El petróleo es una excepción a esta definición al considerarse roca, pero ser su estado líquido.

Algunas rocas están formadas por un solo mineral (monominerálicas u homogéneas). Estas se caracterizan por su aspecto uniforme como, por ejemplo, el mármol, compuesto por calcita. La mayoría de las rocas, sin embargo, están constituidas por más de un mineral y se llaman rocas poliminerálicas o heterogéneas, como, por ejemplo, el granito, compuesto por cuarzo, feldespatos y mica.

Cuando las rocas son monominerálicas y las observamos en muestra de mano, nos surgirán dudas de si estamos en presencia de una muestra de mineral, o bien si se trata de una roca. Es el caso, por ejemplo, del yeso, la halita o el sílex. La indefinición a veces no es posible resolverla a la escala de la muestra de mano. Y esto es porque las rocas tienen otras características particulares, además de su composición, que las diferencian de los minerales y de los agregados cristalinos. Nos referimos a las relaciones que guardan entre sí las partículas constituyentes, tanto a la escala de muestra de mano como a escala del afloramiento, esto es, la textura y la estructura de las rocas.

La Petrología es la ciencia que se ocupa del estudio de las rocas en todos sus aspectos. Todas las rocas están relacionadas genéticamente en el ciclo petrológico, que es un modelo conceptual de cómo las rocas se forman, transforman, destruyen y se regeneran como respuesta a los factores ambientales y a los procesos geológicos que intervienen en este ciclo.

Los criterios para describir cualquier tipo de roca son fundamentalmente: 1) La composición mineralógica o de las fases o constituyentes presentes; en caso de una roca ígnea o sedimentaria también puede ser importante determinar su composición química. 2) La textura, entendida como la disposición de los componentes, principalmente: qué forma tienen los minerales, cómo están en contacto unos con otros, su tamaño, etc. 3) La estructura, que comprende los rasgos que presenta la roca a mayor escala que la de muestra de mano.

4.1.2. Criterios de clasificación de las rocas

Para clasificar las rocas se suelen utilizar criterios relacionados con su formación o génesis. Así se distinguen tres grandes grupos de rocas: sedimentarias, ígneas y metamórficas.

Los dos últimos grupos, a su vez, se engloban dentro de las llamadas rocas endógenas, que son aquellas cuyo proceso de formación tiene lugar en el interior de la Tierra. Las rocas ígneas se forman por solidificación de una masa fundida silicatada, denominada magma o lava. Las rocas metamórficas, sin embargo, se forman por una transformación en estado sólido de cualquier tipo de roca previa. Esta transformación está motivada por un ascenso de temperatura, de presión y/o la presencia de fluidos calientes.

En cuanto a las rocas sedimentarias, se consideran exógenas porque se han originado como producto de la transformación de materiales geológicos ya existentes en la corteza terrestre sobre los que actúan los procesos externos desencadenados por la meteorización, erosión, transporte y sedimentación.

Desde el punto de vista de los recursos minerales, se entiende por roca industrial toda aquella sustancia mineral susceptible de ser utilizada en procesos industriales, directamente o mediante una preparación adecuada, en función de sus propiedades físicas y químicas y no en cuanto a la energía o sustancias metálicas potencialmente extraíbles de la misma.

4.2. TIPOS DE ROCAS

4.2.1. Rocas ígneas

Las rocas ígneas son las que se solidifican a partir de material fundido o parcialmente fundido, es decir, a partir de un magma. Si la solidificación tiene lugar en profundidad, donde las condiciones de espacio, tiempo y reposo suelen ser adecuadas, se forman rocas con un buen grado de cristalización, que se denominan *rocas plutónicas*. Por el contrario, si el magma alcanza la superficie terrestre o sus proximidades, sufre un enfriamiento muy rápido y esto acorta enormemente el tiempo disponible para la cristalización, por lo que el material fundido da lugar al vidrio volcánico o si cristaliza, lo hace en cristales de tamaño muy pequeño. Estas otras rocas reciben el nombre de *volcánicas y subvolcánicas*.

En la Tabla 5 se presenta la clasificación de las principales rocas ígneas según su composición química, en concreto, su contenido en sílice (SiO_2) del que surge el concepto de acidez (rocas ricas en sílice) y basicidad (rocas pobres en sílice) en petrología ígnea, en función de su naturaleza plutónica o volcánica y su mineralogía.

% de sílice	Tipo de roca	Plutónicas	Volcánicas	Mineralogía
>63	ácida	Granito	Riolita	cuarzo, feldespato (ortoclasa y albita) y mica (biotita y moscovita)
		Granodiorita	Dacita	cuarzo, feldespato (albita) y mica (biotita)
52–63	intermedia	Diorita	Andesita	feldespato (albita), mica (biotita), anfibol
45–52	básica	Gabro	Basalto	feldespato (albita), olivino y piroxeno
<45	ultrabásica	Peridotita		olivino y piroxeno

Tabla 5. Clasificación de las rocas ígneas.

Las rocas plutónicas más abundantes son las ácidas, concretamente el granito, mientras que las volcánicas más abundantes son las básicas, concretamente el basalto. De las denominadas subvolcánicas, por sus características intermedias, destacan las ofitas y doleritas.

En cuanto a texturas, las más comunes en las rocas ígneas son la granítica en las plutónicas, y la porfídica y vítrea en las volcánicas y subvolcánicas. La textura granítica también se denomina holocristalina granuda y es típica de rocas ricas en sílice que han enfriado lentamente. El enfriamiento lento condiciona la total cristalización de la roca produciendo un agregado de cristales gruesos aproximadamente equidimensionales. La textura porfídica consiste en grandes cristales (fenocristales) en una matriz de grano fino e, incluso, vítrea o parcialmente vítrea. Los fenocristales pueden presentar formas bien definidas (cristales idiomorfos) o estar parcialmente corroidos. En cualquier caso, se trata de cristales formados antes de la extrusión del magma, es decir, de su salida a la superficie terrestre.

En función del color de los minerales característicos de las distintas rocas ígneas se puede deducir que las rocas más básicas (más pobres en sílice), son rocas más oscuras por su mayor abundancia en minerales oscuros. En cuanto a las rocas volcánicas, además de la presencia de vidrio, es también bastante común la presencia de vacuolas o vesículas generadas por el escape de gases durante el rápido enfriamiento que caracteriza a su génesis.

4.2.2. Rocas sedimentarias

Las rocas sedimentarias son las que proceden de la consolidación de sedimento suelto, en el caso de las *rocas sedimentarias detríticas* (una arenisca, por ejemplo) o de la precipitación química o bioquímica de una solución sobre la superficie terrestre o en sus proximidades, *rocas de precipitación química* (por ejemplo, el travertino), o bien de restos de animales o plantas, *rocas de origen orgánico* (principalmente el carbón y el petróleo, además de otras rocas biogénicas).

El rasgo estructural más característico de las rocas sedimentarias en general es la estratificación. Los sedimentos se depositan en capas aproximadamente horizontales y paralelas. Estas capas se denominan estratos y están separadas por superficies que se llaman de estratificación, correspondientes a momentos de interrupción de la sedimentación o a cambios bruscos en las condiciones de depósito.

El criterio de clasificación de las rocas sedimentarias detríticas es el tamaño de grano (Tabla 6).

Tamaño de grano		Clase	Sedimento		Rocas detríticas
>64 mm	bloques	Ruditas	bloques y/o gravas	clastos angulosos	Brecha
2–64 mm	gravas			clastos redondeados	Conglomerado
2–1/16 mm		Arenitas	arena		Arenisca
<1/16 mm	1/16-1/256 mm	Lutitas (Pelitas)	limo		Limolita
	> 1/256 mm		arcilla		Arcillita

Tabla 6. Clasificación de las rocas sedimentarias detríticas.

Los elementos texturales de las rocas detríticas son: la trama (los clastos), la matriz (fracción fina que ocupa los huecos dejados por la trama) y el cemento (material de precipitación química). La mineralogía de estas rocas es muy variable, ya que depende de las rocas originales destruidas por los procesos de meteorización y erosión y del ambiente sedimentario. En las areniscas es difícil diferenciar los clastos de la matriz. Normalmente están formadas por cuarzo, feldespatos, filosilicatos y, a veces, carbonatos. En las limolitas y arcillitas no es posible diferenciar a simple vista clastos y matriz. Las arcillitas suelen ser rocas blandas y de colores muy variados.

El resto de las rocas sedimentarias recibe el nombre genérico de *rocas no detríticas*. Se producen principalmente por precipitación química a partir del agua con abundantes sales u otras sustancias disueltas y por la acumulación de restos de organismos. Son rocas muy variadas y el principal criterio de clasificación es su composición química (Tabla 7).

Rocas no detríticas		Mineralogía	Características
Rocas carbonatadas	Caliza	calcita	Dureza baja, compactas. La caliza efervesce con HCl. La dolomía tiene aspecto brechificado.
	Dolomía	dolomita	
	Marga	minerales de la arcilla, calcita	Características intermedias calizas-arcillitas.
Evaporitas	Yeso	yeso	Dureza baja, compactas.
	Halita	halita	
Rocas silíceas	Sílex	sílice microcristalina y/o amorfa	Dureza alta, fractura concoidea.
	Diatomita	sílice microcristalina	Blanca y terrosa, con frecuencia laminada.
	Radiolarita		Dureza alta. Color verde-grisáceo o rojo.
Rocas organógenas	Carbón		Acumulación de partes blandas de organismos (principalmente vegetales).
	Petróleo		
Rocas ferruginosas	Limonita	oxihidróxidos de hierro	Colores ocres. Manchan. Deleznables.
	Bauxita	oxihidróxidos de aluminio	

Tabla 7. Clasificación de las rocas sedimentarias no detríticas.

Las más importantes por su abundancia son las rocas carbonatadas: calizas y dolomías. Los elementos texturales de las rocas carbonatadas son: la matriz, que es fango carbonatado de grano muy fino (<4 µm) y tacto jabonoso, llamado micrita; el cemento, que está formado por cristales visibles de calcita y se denomina esparita; otros elementos llamados aloquímicos: bioclastos, fósiles, ooides, peloides, intraclastos, etc. En función del elemento predominante se habla de caliza micrítica, caliza esparítica, caliza fosilífera, etc.

Un caso particular de calizas son los travertinos, rocas que se generan por la precipitación de $CaCO_3$ en cuencas continentales ricas en vegetación (lagos, charcas, cascadas, fuentes calcáreas) y cuya morfología, a veces, se conserva (moldes de hojas o tallos, por ejemplo).

Las dolomías son un tipo de roca sedimentaria compuesta por más del 90 % de dolomita y que se forman generalmente por un proceso de dolomitización (reemplazamiento de la calcita por dolomita) en calizas, con las que frecuentemente están relacionadas en la vertical o lateralmente.

En algunos casos se emplean los términos de calcirrudita, calcarenita, calcilimolita, etc. para indicar que se trata de una roca detrítica (rudita, arenita, limolita) con clastos de naturaleza calcárea.

4.2.3. Rocas metamórficas

Las rocas metamórficas son todas aquellas que derivan de rocas preexistentes (protolitos), en las que se producen transformaciones mineralógicas, químicas, texturales o estructurales, esencialmente en estado sólido, como respuesta a cambios notables de temperatura, presión o medio químico en el interior de la corteza (por ejemplo, mármol a partir de la caliza; cuarcita a partir de la arenisca). En muchos casos, las rocas metamórficas conservan los rasgos de las rocas de las que proceden, especialmente cuando el metamorfismo no ha sido muy intenso.

En función de su génesis se pueden diferenciar tres tipos principales de metamorfismo: regional (dinamotérmico), de contacto (térmico) o dinámico. El metamorfismo regional tiene lugar en áreas muy extensas y profundas, principalmente dentro de los núcleos de cadenas montañosas, debido a las altas temperaturas y presiones que se producen en los procesos orogénicos (orogénesis). El metamorfismo de contacto o térmico recibe este nombre porque se origina a partir de rocas en contacto con intrusiones ígneas (magmas) y a lo largo de fracturas y filones por las que circulan fluidos muy calientes. El metamorfismo dinámico se debe fundamentalmente a la actuación de fallas que producen fenómenos ligados a fuertes presiones.

Las rocas metamórficas no tienen un sistema de nomenclatura tan establecido como en el caso de las rocas ígneas o sedimentarias. La denominación de la roca metamórfica atiende a distintos criterios en cada caso. Existen denominaciones que tienen que ver con el mayor o menor desarrollo de la esquistosidad, de ahí los nombres de filita o esquisto. Otras atienden a la composición químico-mineralógica de la roca, por ejemplo, cuarcita (constituida por cuarzo recristalizado), mármol (constituida por calcita o dolomita recristalizada). También se dispone de un sistema de prefijos que agrupa a las rocas metamórficas de acuerdo con la naturaleza de la roca preexistente. Así, el prefijo meta- delante del nombre de la roca original indica simplemente que se trata de un derivado metamórfico, por ejemplo metabasalto, metapelita, metasedimento, etc. El prefijo para- se usa para indicar que la roca original era sedimentaria y el prefijo orto- si era ígnea, por ejemplo paragneis, gneis que procede de una pelita, u ortogneis, si procece de un granito.

Las texturas metamórficas más características son:

- La textura foliada, que es una estructura planar marcada por la orientación de los planos de los filosilicatos. Dentro de la textura foliada, de menor a mayor índice de metamorfismo podemos distinguir: a) La pizarrosidad, que corresponde a una foliación planar de filosilicatos de grano fino (principalmente moscovita o clorita) en lutitas. Los prototipos de rocas con pizarrosidad son la pizarra y la filita, ambas típicas del metamorfismo de grado muy bajo o bajo; b) Esquistosidad cuando los cristales de filosilicatos (micas) son visibles, de grano medio a grueso y confieren a la roca un aspecto escamoso. Las rocas más representativas son las diversas variedades de esquistos definidos fundamentalmente según el mineral acompañante (esquistos con biotita, esquistos con granates, esquistos con estaurolita,…); c) Un caso particular de textura foliada es la gneísica, que consiste en bandas irregulares de grano grueso, donde la foliación está pobremente definida debido al comportamiento rígido de los feldespatos y el cuarzo frente a los filosilicatos.

- La textura granoblástica es la más característica de las texturas no foliadas, constituida por minerales de morfología equidimensional y, por tanto, no orientables. La deformación puede generar una textura planar incipiente, pero no tan perfecta como la foliación.

La clasificación más común de las rocas metamórficas es la que se basa en su textura, mineralogía y grado de metamorfismo (Tablas 8 y 9).

El metamorfismo de rocas ígneas ultrabásicas genera serpentinitas, que son rocas intensamente foliadas y de color verde claro muy característico. Estos rasgos se deben a que están constituidas fundamentalmente por minerales de la serpentina y clorita. Por último, las migmatitas son rocas situadas en el límite entre las rocas ígneas y las metamórficas. Se trata de rocas parcialmente fundidas caracterizadas por la alternancia de bandas claras y oscuras.

Rocas foliadas	Características	Mineralogía	Tipo y grado de metamorfismo
Pizarra	Cristales no visibles a simple vista Aspecto mate Protolito: Lutita (arcillita)	clorita, moscovita, (cuarzo)	regional de grado muy bajo
Filita	Cristales no visibles a simple vista Brillo satinado Protolito: Lutita (arcillita)		
Esquisto	Foliación muy desarrollada Minerales visibles a simple vista Protolito: Lutita (arcillita)	moscovita, biotita, clorita, granate y cuarzo	regional de grado bajo a medio
Gneis	Bandeado o glandular "Ojos de feldespato" Protolito: arcillitas, granitos y areniscas	feldespatos, cuarzo, anfíboles, piroxenos y turmalina	regional de grado alto

Tabla 8. Clasificación de las rocas metamórficas foliadas.

Rocas no foliadas	Características	Mineralogía	Tipo de metamorfismo
Cuarcita	Compacta, dureza alta Protolito: areniscas ricas en cuarzo	cuarzo, (feldespatos, filosilicatos)	de contacto o regional de grado bajo a medio
Mármol	Compacta, dureza baja Protolito: calizas y dolomías	calcita, dolomita, (filosilicatos, anfíboles)	
Anfibolita	De grano grueso, bandeada Protolito: rocas ígneas básicas	anfíboles, plagioclasa, epidota	de contacto o regional de grado medio
Corneana	minerales sobreimpuestos a la foliación Protolito: cualquier material de grano fino	andalucita, anfíboles y epidotas	de contacto

Tabla 9. Clasificación de las rocas metamórficas no foliadas.

4.3. PRINCIPALES ROCAS EN LA PROVINCIA DE JAÉN

A continuación se describen, ordenadas de acuerdo con los tres grupos descritos anteriormente y alfabéticamente dentro de cada grupo, las rocas más representativas de la provincia de Jaén. En la Figura 12 se han representado las principales unidades geológicas de esta provincia.

Rocas ígneas

Basalto

Tipo de Roca. Volcánica.

Mineralogía. Olivino, piroxeno y plagioclasa.

Textura. Porfídica, con vidrio volcánico.

Localización. Los mejores afloramientos de basaltos son las coladas volcánicas submarinas intercaladas entre rocas sedimentarias del Jurásico, que se encuentran en el sector de Cabeza Montosa y Puerto de los Gallardos (Huelma) y al suroeste de Alcalá la Real, cerca del límite con las provincias de Córdoba y Granada.

Usos. Como áridos (denominado vulgarmente "garrufo"). Triturado se añade como cebo para las pistas rurales y caminos.

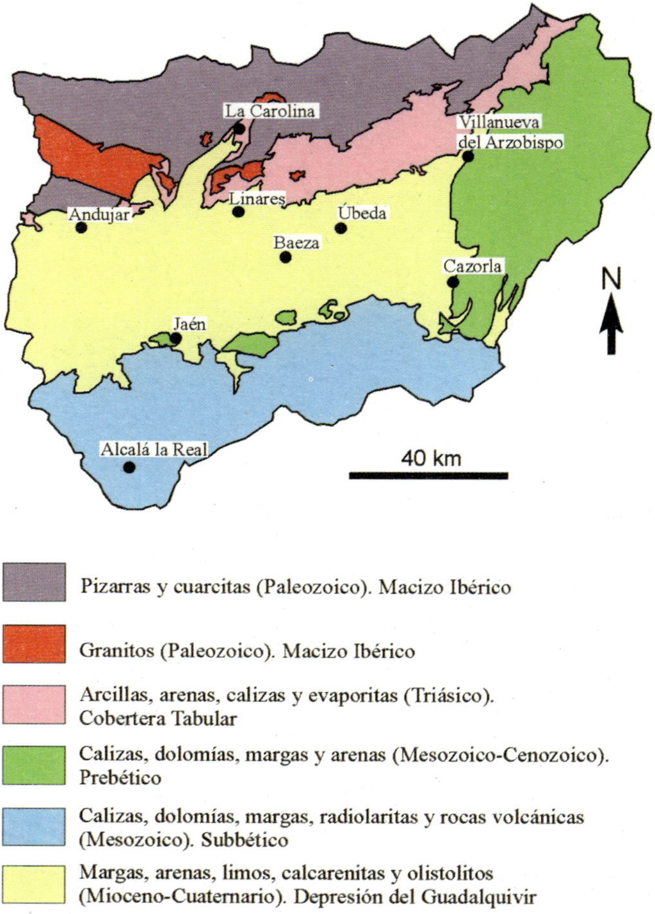

Figura 12. Mapa geológico simplificado de la provincia de Jaén.

Dolerita u Ofita

Tipo de Roca. Subvolcánica.

Mineralogía. Albita y piroxenos principalmente.

Textura. Holocristalina, de grano fino.

Localización. Se encuentra entre los materiales triásicos y jurásicos del Subbético. Destacan los afloramientos de Valdepeñas de Jaén y del sector de la Sierra de San Pedro (Alcalá la Real) y del Vadillo Alto. Las ofitas de los términos de Cárcheles y Campillo de Arenas se encuentran en explotacion.

Usos. Fundamentalmente para áridos de carreteras, pistas y caminos rurales (también denominado vulgarmente "garrufo").

Granito

Tipo de Roca. Plutónica.

Mineralogía. Cuarzo, feldespatos (ortoclasa y albita) y micas (biotita y moscovita).

Textura. Holocristalina, equigranular, porfídica y gráfica o pegmatítica.

Localización. Se encuentra en la Zona Centroibérica del Macizo Ibérico, principalmente en el Batolito de Los Pedroches, claramente visible en todo el valle del Jándula camino del Santuario de la Virgen de la Cabeza en la Sierra de Andújar y en otros afloramientos plutónicos de menor extensión en las proximidades de Linares, Vilches y Santa Elena.

Granodiorita

Tipo de Roca. Plutónica.

Mineralogía. Cuarzo, albita y biotita.

Textura. Holocristalina, equigranular o porfídica.

Localización. Sus afloramientos se encuentran en la Zona Centroibérica del Macizo Ibérico, principalmente en el Batolito de Los Pedroches, claramente visible en todo el valle del río Jándula camino del Santuario de la Virgen de la Cabeza en la Sierra de Andújar y en otros afloramientos plutónicos de menor extensión en las proximidades de Linares, Vilches y Santa Elena.

Ofita (véase Dolerita)

Rocas sedimentarias

Arenisca

Tipo de Roca. Detrítica.

Tamaño de grano. 2-1/16 mm.

Mineralogía. Variable.

Localización. Es muy abundante en el triásico de la Cobertera Tabular de la Meseta con un color rojizo muy característico y en el triásico de facies Keuper de las Zonas Externas de la Cordillera Bética. Las areniscas calcáreas o calcarenitas afloran en el conjunto autóctono de la Cuenca del Guadalquivir y también en afloramientos del Subbético correspondientes al Paleoceno o al Oligoceno-Mioceno medio.

Usos. El albero, producto de la meteorización de calcarenitas y formado por microfósiles y arena de tamaño medio de grano en torno a 1,5 mm, tiene una gran utilidad urbana como material de relleno para piso.

Brecha y Conglomerado

Tipo de Roca. Detrítica.

Tamaño de grano. > 2 mm.

Mineralogía. Variable.

Localización. En el triásico de la Cobertera Tabular y en las terrazas del río Guadalquivir y otros cauces fluviales.

Usos. Como áridos para materiales de construcción, principalmente para la fabricación de hormigones.

Calcarenita (véase Arenisca)

Caliza

Tipo de Roca. No detrítica, carbonatada.

Mineralogía. Calcita.

Textura. Micrítica, esparítica, oolítica, nodulosa, etc.

Localización. Son muy abundantes en Jaén, especialmente en el sur y este de la provincia, en las Zonas Externas de la Cordillera Bética (Jabalcuz, Sierra de Grajales, Sierra Mágina, Sierra de la Pandera, Sierra del Trigo, Sierra de Segura, Cazorla y Las Villas, entre otras). Dan lugar a los típicos relieves kársticos de las sierras de las Zonas Externas de la Cordillera Bética (por ejemplo, en los macizos de las Sierras de Segura y Cazorla, Sierra Mágina y la Pandera entre otros muchos).

Travertinos: Destacan entre otros los del Río Borosa (Sierra de Segura) y El Chorro (Sierra de Cazorla), Frailes, La Guardia y Sierra de Pegalajar. Todos ellos son del Cuaternario.

Usos. Como material de construcción, para la obtención de áridos de machaqueo, fabricación de cemento, cal, terrazos y piedra artificial, como roca ornamental pulida.

En cuanto a su explotación, las hay de calizas oolíticas jurásicas en el municipio de Huelma (Cabeza Montosa), de calizas rosadas jurásicas entre Valdepeñas de Jaén y Castillo de Locubín y de calizas bioclásticas o calcareníticas cenozoicas en Alcalá la Real, Jódar, Baeza y Porcuna.

Diatomita

Tipo de Roca. No detrítica, silícea biogénica.

Sedimento. Fango de diatomeas (microrganismos nectónicos o nadadores marinos).

Mineralogía. Sílice microcristalina.

Localización. Extensamente distribuidas en la provincia de Jaén, en los materiales del Mioceno superior de la Cuenca del Guadalquivir. Las explotaciones más recientes son las del área de Martos-Porcuna, donde se les denomina vulgarmente "tiza". Los principales depósitos conocidos se encuentran en Mengíbar, Porcuna, Martos y Andújar. También hay indicios en Santiago de Calatrava, Torredonjimeno, Cazalilla e Higuera de Arjona.

Usos. Su utilidad para fabricar filtros, absorbentes, aislantes acústicos y térmicos, refractarios, abrasivos suaves, hormigones ligeros, piensos animales, etc., les confiere un amplio campo de aplicaciones y un enorme interés económico. La producción jiennense (en la actualidad, esporádica y solo en Martos) se destina a la fabricación de ladrillos aislantes.

Dolomía

Tipo de Roca. No detrítica, carbonatada.

Mineralogía. Dolomita.

Textura. Micrítica, sacaroidea, marmórea.

Localización. Es muy abundante en Jaén, especialmente en el sur y este de la provincia, en las Zonas Externas de la Cordillera Bética (Jabalcuz, Sierra de Grajales, Sierra de la Pandera, Sierra del Trigo, Sierra de Segura, Cazorla y Las Villas, entre otras). Da lugar a paisajes kársticos muy característicos, por ejemplo en las proximidades del embalse del Quiebrajano.

Usos. Se utiliza como áridos y para la fabricación de cales. Las dolomías de aspecto marmóreo se emplean como piedra ornamental pulida.

Halita (véase Halita en la sección dedicada a Minerales)

Lutita

Tipo de Roca. Detrítica.

Tamaño de grano. < 1/16 mm.

Mineralogía. Montmorillonita, micas, clorita y carbonatos.

Localización. En los materiales triásicos de la Cobertera Tabular de la Meseta son abundantes las arcillitas de color rojo y en la Cuenca del Guadalquivir presentan un importante componente margoso. También se han descrito en algunas formaciones del Cretácico inferior del Subbético.

Los principales depósitos explotados se encuentran en Bailén, Villacarrillo, Villanueva del Arzobispo, Úbeda, Beas de Segura, Sabiote, Mancha Real, Jódar, Baeza, Huelma, Alcalá la Real y Martos. Se explotan también arcillas rojas principalmente en Vilches, Santisteban del Puerto, Carboneros, Navas de San Juan, Puerta de Segura, Beas de Segura y Castellar de Santisteban.

Usos. Materiales de construcción, ladrillos de todo tipo, tejas, bovedillas y, en algunos casos, losetas, azulejos y alfarería.

Marga

Tipo de Roca. No detrítica.

Mineralogía. Calcita y minerales de la arcilla.

Localización. Las margas cubren extensas superficies de la provincia. Aparecen en depósitos de edad triásica, jurásica, cretácica, eocena, oligocena, miocena y pliocena. Son muy abundantes en los afloramientos de edad mesozoica del Subbético (Sierra de Grajales, Alta Coloma, Jabalcuz, Sierra de la Pandera, entre otros) y también en la Cuenca del Guadalquivir. Las únicas explotadas son las del Cretácico subbético, Mioceno y Plioceno. Los recursos son incalculables.

Son zonas especialmente favorables para la explotación de margas la de Martos-Los Villares y la de Campillo de Arenas-Noalejo.

Usos. Se usa como aglomerantes, productos cerámicos y para la fabricación de cementos naturales (margas con abundantes diatomitas, denominadas vulgarmente "moronitas").

Radiolarita

Tipo de Roca. No detrítica, silícea biogénica.

Sedimento. Fango de radiolarios (zooplancton marino).

Mineralogía. Sílice microcristalina.

Localización. Los afloramientos de estas rocas aparecen en el Jurásico medio-superior y en el Cretácico inferior del Subbético.

Sílex

Tipo de Roca. No detrítica, silícea.

Mineralogía. Sílice microcristalina y/o amorfa.

Sedimento. Fango de esqueletos silíceos y/o material silíceo afectado por procesos diagenéticos o hidrotermales.

Localización. En calizas del Subbético, en forma de niveles o nódulos (Sierra de Ahillo, Sierra de la Pandera, Sierra Mágina, Alta Coloma, Sierra de Grajales, entre otras).

El sílex, como es bien sabido, fue utilizado por el hombre primitivo para la construcción de herramientas.

Yeso (véase Yeso en la sección dedicada a Minerales)

Rocas metamórficas

Corneana

TIPO DE ROCA. Metamórfica de contacto o térmica.

MINERALOGÍA. Andalucita, anfíboles, epidotas y otros minerales típicos del metamorfismo térmico.

TEXTURA. Granoblástica.

LOCALIZACIÓN. Asociada a los cuerpos graníticos como el Batolito de Los Pedroches o el Stock de Santa Elena, formando aureolas de contacto.

Cuarcita

TIPO DE ROCA. Metamórfica, principalmente de metamorfismo regional.

MINERALOGÍA. Cuarzo, (feldespatos, filosilicatos).

TEXTURA. Granoblástica.

LOCALIZACIÓN. Las más importantes son las del Ordovícico (Cuarcita Armoricana o de Despeñaperros), muy bien expuestas en el desfiladero de Despeñaperros (Monumento Natural de "Los Órganos"), también en el paraje de La Cimbarra (Aldeaquemada) y las del

Silúrico en el sector de El Centenillo, por ejemplo. Se originaron por el metamorfismo regional que actuó sobre areniscas cuarzosas (protolito).

Usos. Todas sus explotaciones tienen un carácter local y esporádico, principalmente como áridos de trituración para pequeños arreglos de pistas y carreteras y como material para balasto del ferrocarril.

Esquisto

Tipo de Roca. Metamorfismo regional.

Mineralogía. Moscovita, biotita, clorita, granate y cuarzo, principalmente.

Textura. Foliada, esquistosa.

Localización. Los afloramientos son escasos, con edades comprendidas entre el Precámbrico y el Carbonífero en la Zona Centroibérica. Corresponden a un metamorfismo regional de grado bajo a medio. Se han descrito en Andújar.

Filita

Tipo de Roca. Metamorfismo regional.

Mineralogía. Clorita, moscovita, (cuarzo).

Textura. Foliada.

Localización. Con edades comprendidas entre el Precámbrico y el Carbonífero en la Zona Centroibérica

(Sierra Morena). Corresponden a un metamorfismo regional de grado muy bajo a bajo. Hay afloramientos en La Carolina y al norte de Andújar.

Usos. Los recursos son muy elevados, pero la calidad no siempre es aceptable. Se utilizan para áridos de trituración, material de relleno, muros de edificaciones, cercas de fincas, pavimentación, peldaños de escaleras, dinteles de puertas y, rara vez, para techar.

Mármol

Tipo de Roca. Metamorfismo regional o térmico.

Mineralogía. Calcita, dolomita, (filosilicatos, anfíboles).

Textura. Granoblástica.

Localización. Proceden del metamorfismo regional o de contacto sobre rocas carbonatadas. Sólo afloran y, con muy poca extensión, en la Zona Centroibérica (Caliza Urbana del Ordovícico superior). También se han descrito algunas rocas marmóreas en relación con las intrusiones subvolcánicas en el Subbético (Sierra de San Pedro, Alcalá la Real).

Usos. Como roca ornamental y material de construcción.

Pizarra

TIPO DE ROCA. Metamorfismo regional.

MINERALOGÍA. Clorita, moscovita, (cuarzo).

TEXTURA. Foliada, pizarrosa.

LOCALIZACIÓN. Con edades comprendidas entre el Precámbrico y el Carbonífero en la Zona Centroibérica. Corresponden a un metamorfismo regional de grado muy bajo a bajo. Hay buenos afloramientos en todo el norte de la provincia de Jaén (Sierra Morena), por ejemplo en La Carolina y al norte de Andújar.

USOS. Los recursos son muy importantes, pero la calidad no siempre es aceptable. Se utilizan para áridos de trituración, material de relleno, muros de edificaciones, cercas de fincas, pavimentación, peldaños de escaleras, dinteles de puertas y, rara vez, para techar.

4.4. ROCAS INDUSTRIALES

Hay unos cincuenta tipos de rocas y minerales industriales, buena parte de los cuales están representados en Jaén, con posibilidades económicas muy interesantes en algunos casos. Los yacimientos más importantes en explotación son los de arcillas, calizas y dolomías, rocas para áridos en general y yesos, que surten a industrias auxiliares de la construcción: ladrillería, cementos, áridos para hormigones, yesos, escayolas, etc. Existen también buenas posibilidades en yacimientos de diatomitas, pero que en la actualidad no se explotan.

Excepto algunos yacimientos, principalmente en la comarca de Bailén y sur de la provincia, con una influencia económica mayor a escala regional, la mayoría de las explotaciones tienen dimensiones reducidas y un carácter muy local en función, principalmente, de los centros de consumo.

Probablemente, las arcillas en sentido lato son las rocas industriales más interesantes y abundantes en la provincia de Jaén. Una gran parte de la Cuenca del Guadalquivir está rellena por arcillas más o menos margosas del Cenozoico. Las reservas de estas arcillas son importantes debido a la gran extensión superficial y volumen de las mismas, principalmente a lo largo de la Depresión del Guadalquivir. Son de gran importancia las explotaciones en el sector de Bailén, cuya industria cerámica es uno de los principales componentes del tejido industrial de la provincia de Jaén.

La mayor parte de las explotaciones de gravas y arenas naturales pertenecen al Plioceno y Cuaternario y se explotan en todas las terrazas del Guadalquivir y de sus afluentes más directos, como el Guadalimar, Guadiana Menor o Jándula. Hay explotaciones en diversos puntos de la provincia, pero destacan por su importancia las de Mengíbar, Villanueva de la Reina y Villacarrillo. Son materiales muy abundantes, que se utilizan como áridos naturales principalmente para hormigones.

Localmente, se explotan algunas arenas (denominadas "arenazos" popularmente) procedentes de la meteorización de granitos en el sector de Linares. Sin embargo, en cualquier área dentro del Batolito de Los Pedroches, puede abundar este material. Por ejemplo, al norte y sur del Santuario de la Virgen de la Cabeza hay algunas extracciones de reducidas dimensiones. Las gravas coluviales en el sector del Macizo Ibérico se sitúan a pie de monte de los resaltes cuarcíticos paleozoicos. Su extracción, como en los casos anteriores, se puede hacer fácilmente con pala y las reservas son importantes, pero están sin explotar en la mayoría de los casos. En las proximidades de Linares y La Carolina existen importantes núcleos de escombreras y acumulaciones de lavaderos de minas, ligadas a la importante actividad minera de la zona en tiempos pasados. Estas escombreras presentan materiales triturados para la extracción de roca con tamaño grava o arena que se explotan esporádicamente, principalmente para la construcción de carreteras. La extracción de estos materiales es muy fácil, debido a que están generalmente muy poco consolidados. Se pueden obtener mediante palas mecánicas y, a continuación, clasificarlos por tamaño de grano.

Las calizas y dolomías constituyen uno de los materiales de mayor importancia industrial. La caliza se utiliza para áridos, aglomerantes, para cargar el papel, en la industria química y para la obtención de cal. Las dolomías se utilizan como áridos, refractarios y en metalurgia básica, entre otras cosas. Las calizas y dolomías de interés industrial en la provincia de Jaén pertenecen al Triásico, Jurásico, Cretácico y Cenozoico. Según la edad varían sus características y también las aplicaciones para las que son más idóneas. Cabe resaltar que en el ámbito comercial de la piedra ornamental se usa el término "mármol" para referirse, en la mayoría de los casos, a calizas pulidas de diversa textura. El mismo término se usa para los verdaderos mármoles, blancos o de otros colores, que corresponden a rocas metamórficas. Jaén tiene un importante potencial en el campo de los "mármoles" o rocas calizas pulimentadas de uso en construcción.

También son importantes las reservas de yesos en la provincia de Jaén. Se trata de materiales de edad triásica y se distinguen tres tipos principalmente: yeso sacaroideo blanco, yeso fibroso y yeso rojo o gris con arcilla. Los más puros son los yesos sacaroideos blancos, que se encuentran en grandes masas y son objeto de las explotaciones más prósperas. Los yesos rojos, grises y fibrosos son extraordinariamente abundantes pero su explotabilidad, a gran escala, es menor, principalmente por sus impurezas o mezcla con otros minerales. Las reservas de estos materiales son, en general, bastante cuantiosas y no existen problemas de explotación, aunque su calidad es muy variable.

Otras rocas con valor industrial son las margas, diatomitas, los ocres y hematites, la sal gema, las ofitas, pizarras y cuarcitas.

Bibliografía de interés

ABAD, I., REOLID, M. MOLINA, J.M. (2010) Guía didáctica para la identificación de minerales, rocas y fósiles de la provincia de Jaén. Colección Innovación Docente. Servicio de Publicaciones Universidad de Jaén. ISBN 978-84-8439-559-1. 1 CD.

ALFARO P., ANDREU J.M., GONZÁLEZ J., GONZÁLEZ M., LÓPEZ F.J., LÓPEZ J.A. (2003) Itinerarios geológicos por la Cordillera Bética. Consejería de Medio Ambiente, Junta de Andalucía, 175 pp.

CALVO REBOLLAR M. (2003) Minerales y Minas de España: Elementos. Diputación Foral de Álava. 217 pp.

CALVO REBOLLAR M. (2003) Minerales y Minas de España: Sulfuros y Sulfosales. Diputación Foral de Álava. 705 pp.

CALVO REBOLLAR M. (2006) Minerales y Minas de España: Halogenuros. Diputación Foral de Álava. 267 pp.

(2009) Minerales y Minas de España: Óxidos e Hidróxidos. Escuela de Minas de Madrid - Fundación Gómez Pardo. 751 pp.

CALVO REBOLLAR M. (2012) Minerales y Minas de España: Carbonatos y Nitratos. Boratos. Escuela de Minas de Madrid - Fundación Gómez Pardo. 711 pp.

COMBA J.A. (coord.) (1983) Geología de España. Libro Jubilar J.M. Ríos. Tomos I y II. IGME, Madrid, 656+752 pp.

DALLMEYER R.D., MARTÍNEZ-GARCÍA E. (1990) Pre-Mesozoic Geology of Iberia. Springer-Verlag, 416 pp.

DIARIO JAÉN (ed.) (1997) Jaén: pueblos y ciudades. 7 volúmenes, 2960 pp.

DICCIONARIO DE CIENCIAS DE LA TIERRA (2000) Editorial Complutense. Madrid, 879 pp.

DURÁN J.J., NUCHE R. (eds.) (1999) Patrimonio Geológico de Andalucía. Enresa, Madrid, 357 pp.

FERNÁNDEZ J., VISERAS C. (2008) La Cobertera Tabular del Macizo Ibérico. En: Proyecto Andalucía, Geología I (J.A. Vera, P.A. Ruiz-Ortiz, coord.), Publicaciones Comunitarias, Grupo Hércules, Sevilla – A Coruña, Tomo XXV, pp. 177–192.

FOUCAULT, A., RAOULT, J.F. (1985) Diccionario de Geología. Masson, Barcelona, 316 pp.

GALLEGOS DÍAZ, J.A. (1993) Claves litológicas. Servicio de Publicaciones, Universidad de Granada, 204 pp.

GARCÍA-GUINEA J., MARTÍNEZ FRÍAS J. (eds.) (1992) Recursos minerales de España. Colección de Textos Universitarios 15. CSIC. Madrid, 1448 pp.

GARCÍA-HERNÁNDEZ M. (1978) El Jurásico terminal y el Cretácico inferior en las Sierras de Cazorla y Segura (Zona Prebética). Tesis Doctoral, Universidad de Granada. 344 pp.

GARCÍA-HERNÁNDEZ M., LÓPEZ-GARRIDO A.C. (2008) El Prebético en Andalucía. En: Proyecto Andalucía, Geología I (J.A. Vera, P.A. Ruiz-Ortiz, coord.), Publicaciones Comunitarias, Grupo Hércules, Sevilla - A Coruña, Tomo XXV, pp. 227–280.

GIBBONS W., MORENO T. (eds.) (2002) The Geology of Spain. The Geological Society London, 649 pp.

GUILLÉN-MONDÉJAR F., DEL RAMO-JIMÉNEZ A. (eds.) (2001) El Patrimonio Geológico: Cultura, Turismo y Medio Ambiente. Actas de la V Reunión Nacional de la Comisión de Patrimonio Geológico de la Sociedad Geológica de España, Molina de Segura, 400 pp.

HIDALGO M.C., AGUADO R., REY F.J., LÓPEZ V., DE LA TORRE M.J., MARTÍNEZ J., BENAVENTE J. (2009) Itinerarios geológicos en el Parque Natural de Despeñaperros y su entorno. Servicio de Publicaciones Universidad de Jaén, Coleccion Innovacion Docente 2009, 1CD.

KLEIN C., HURLBUT J.R. (2003) Manual de Mineralogía. Ed. Reverté, 4ª edición, Barcelona, 2 volúmenes.

MELÉNDEZ-HEVIA I. (2004) Geología de España. Una historia de seiscientos millones de años. Ed. Rueda, Madrid, 277 pp.

MOLINA J.M. (1996) Bibliografía geológica sobre la provincia de Jaén. Boletín del Instituto de Estudios Giennenses, CLXII: 503-535.

MOLINA J.M. (2002) Inventario de recursos minerales metálicos en la Provincia de Jaén. En: Resúmenes de Proyectos de Investigación del Instituto de Estudios Giennenses, Jaén, pp. 39-66.

MOLINA J.M. (ed.) (2009) Itinerarios Geológicos por la Cordillera Bética (provincias de Jaén, Granada y Almería). Publicaciones de la Universidad de Jaén. 128 pp.

MOLINA J.M., RUIZ-ORTIZ P. A. (2008) El Macizo Ibérico: Zona Centroibérica. En: Proyecto Andalucía, Geología I (J.A. Vera, P.A. Ruiz-Ortiz, coord.), Publicaciones Comunitarias, Grupo Hércules, Sevilla – A Coruña, Tomo XXV, pp. 83-116.

MOLINA J.M., VERA, J.A. (2003) Bibliografía Geológica de la Cordillera Bética y Baleares (1978-2002). Servicio de Publicaciones, Universidad de Jaén. 271 pp. + 1 CD.

MOTTANA A., CRESPI R., LIBORIO G. (1980) Guía de minerales y rocas. Ed. Grijalbo, 4ª edición, 605 pp.

POZO RODRÍGUEZ, M., GONZÁLEZ YÉLAMOS, J., GINER ROBLES, J. (2004) Introducción al reconocimiento de materiales y análisis de mapas. Pearson Prentice Hill, Madrid, 352 pp.

RUIZ-ORTIZ P.A., LÓPEZ-GARRIDO A.C., MOLINA J.M., VERA, J.A. (2008) Las Zonas Externas Béticas: Rasgos generales. En: Proyecto Andalucía, Geología I (J.A. Vera, P.A. Ruiz-Ortiz, coord.), Publicaciones Comunitarias, Grupo Hércules, Sevilla - A Coruña, Tomo XXV, pp. 193-226.

RUIZ-ORTIZ P.A., MOLINA J.M., VERA, J.A. (2008) El Subbético en la provincia de Jaén. En: Proyecto Andalucía, Geología I (J.A. Vera, P.A. Ruiz-Ortiz, coord.), Publicaciones Comunitarias, Grupo Hércules, Sevilla - A Coruña, Tomo XXV, pp. 281-324.

RUIZ-ORTIZ, A., MOLINA, J.M., NIETO, L.M., CASTRO, J.M., DE GEA, G.A. (eds.) (2001) Itinerarios geológicos por el Mesozoico de la provincia de Jaén. Departamento de Geología, Universidad de Jaén, 91 pp.

SUSSIECK-FORNEFELD C., MEDENBACH O. (2005) Minerales. Ed. Blume, 3ª edición, 288 pp.

VERA J.A. (ed.) (2004) Geología de España. SGE-IGME, Madrid, 884 pp.

VERA J.A. (2008) Rasgos generales de la Geología de Andalucía. En: Proyecto Andalucía, Geología I (J.A. Vera, P.A. Ruiz-Ortiz, coord.), Publicaciones Comunitarias, Grupo Hércules, Sevilla - A Coruña, Tomo XXV, pp. 47-82.

ZORZIN R. (2002) Conocer los minerales. Ed. Susaeta, Madrid, 127 pp.

Glosario básico

En este breve glosario sólo se explican algunos términos geológicos no descritos suficientemente en el texto y que se han considerado interesante introducir. Para otros términos se recomienda al lector acudir a los diccionarios geológicos citados en la bibliografía.

Afloramiento: Lugar donde asoma a la superficie del terreno un mineral o una masa rocosa que se encuentra en el subsuelo. Zona donde una determinada roca o unidad aparece representada en un mapa geológico.

Arcilla: Sedimento o roca lutítica, constituida por un agregado de silicatos hidroalumínicos que pueden ir acompañados de otros minerales. Sus minerales son filosilicatos hidratados, principalmente de aluminio y magnesio, con tamaño de partícula muy fino, aspecto terroso y plásticos. Se incluyen los grupos de la caolinita, illita, esmectita y vermiculita.

Batolito: Complejo intrusivo de grandes dimensiones, compuesto generalmente por varias unidades plutónicas con relaciones muy complejas. Puede extenderse por más de 100 000 km^2 e incluir rocas formadas a lo largo de varias decenas de millones de años.

Bioclasto: Elemento clástico procedente de la parte dura de un organismo presente en una roca sedimentaria.

Cañón submarino: Valle profundo abierto en el talud continental de los océanos, en el sentido de la pendiente.

Ciclosilicatos: Cada uno de los minerales integrantes de una subclase, dentro de la clase de los silicatos, en cuya estructura existen grupos de tres, cuatro o seis tetraedros de silicio-oxígeno (SiO_4) unidos por dos vértices. Constituyen configuraciones cerradas en forma de anillo, como ocurre en el berilo, la cordierita, la dioptasa y la turmalina.

Concreción: Estructura formada por precipitación de una sustancia mineral alrededor de un núcleo. Generalmente, tiene forma subesférica o discoidal.

Cuenca sedimentaria: Área de la superficie terrestre en la que, durante un prolongado intervalo de tiempo geológico, se han acumulado grandes espesores de sedimentos. Sector de la corteza terrestre que durante un prolongado intervalo de tiempo ha estado sometido a subsidencia y en el que la sedimentación ha rellenado parcial o totalmente el hueco dejado por la propia subsidencia.

Discordancia: Relación geométrica entre dos unidades estratigráficas superpuestas en la que no guarda paralelismo la estratificación de los materiales infrayacentes con la de los suprayacentes.

Esquistosidad: Tipo de foliación característica de rocas metamórficas de grano grueso. Estas rocas tienen una disposición paralela de minerales laminares, como las micas.

Estalactita: Agregado cristalino de carbonato cálcico, con estructura fibroso-radiada y concéntrica, que da lugar a un cuerpo cónico de dimensiones variables, formado por la acción de la gravedad y con un canal central por donde puede circular el agua. Se origina frecuentemente en el interior de cuevas, a partir del techo, debajo de una grieta o fisura por donde gotea el agua.

Estalagmita: Agregado cristalino dispuesto en capas concéntricas formadas por acreción, que da lugar a un cuerpo cónico de dimensiones variables. Normalmente, se forma en cuevas, debajo de la estalactita, por depósito de carbonato cálcico que liberan las gotas de agua al incidir sobre el suelo de la cueva o sobre la misma estalagmita.

Facies: Conjunto de características de las rocas de una unidad geológica, que reflejan las condiciones en las que se formaron. En rocas sedimentarias se consideran los caracteres petrográficos (litofacies) y los paleontológicos (biofacies). Por ejemplo: Facies "Keuper" del Triásico.

Falla: Fractura o zona de fracturas a lo largo de cuya superficie se produce un desplazamiento relativo de los dos bloques (labios) en que quedan divididas las rocas afectadas.

Filón: Cuerpo ígneo de morfología tabular y con una potencia inferior a 100 m. Relleno mineral de una fractura.

Filosilicatos: Cada uno de los minerales de una subclase, dentro de la clase de los silicatos, caracterizados por la existencia en su estructura de un conjunto de planos paralelos formados por una trama de tetraedros SiO_4, que comparten tres de los oxígenos de sus vértices con tetraedros vecinos. Son hojosos, como las micas y las cloritas.

Fluido hidrotermal: Líquido o disolución acuosa que circula por el interior de la litosfera y que está ligado a las etapas finales del vulcanismo o a la fase final de la cristalización magmática.

Formación: Unidad litoestratigráfica, establecida a partir de la litología de las rocas estratificadas, reflejada en la guía estratigráfica internacional.

Ganga: Conjunto de sustancias minerales presentes en un yacimiento junto a la mena que, por carecer de valor o utilidad, son separadas o eliminadas de acuerdo a especificaciones de mercado, con los medios técnicos disponibles.

Geoda: Conjunto de cristales que aparecen recubriendo una superficie cóncava. Son frecuentes las de calcita, que rellenan huecos formados por disolución en rocas calcáreas y las de minerales de origen hidrotermal, como el cuarzo, que rellenan cavidades en rocas metamórficas.

Grado de metamorfismo: Intensidad o rango del metamorfismo, medidos por la diferencia entre la composición mineralógica de la roca madre y la roca metamórfica resultante, lo que es función de la temperatura y presión alcanzadas durante el proceso metamórfico. Se establecen diferentes grados según el valor alcanzado por estas dos variables (P y T).

Hábito cristalino: Apariencia externa que adopta un cristal, debido a las condiciones a que ha estado sometido durante el proceso de crecimiento.

Inosilicatos: Cada uno de los minerales que se incluyen en una subclase, dentro de la clase de los silicatos, que se caracteriza por contener tetraedros SiO_4 que comparten algunos (2 o 3) oxígenos de sus vértices para formar cadenas sencillas (grupos de los piroxenos y de los piroxenoides) o dobles (grupo de los anfíboles).

Intrusión: Cuerpo magmático emplazado en el interior de la tierra.

Karst (kárstico): Relieve formado por disolución de rocas calizas o evaporíticas.

Macla: Crecimiento conjunto de dos o más cristales de una misma sustancia y que están relacionados por un elemento de simetría.

Mena: Parte aprovechable o útil de un yacimiento mineral.

Meteorización: Conjunto de procesos físicos, químicos y biológicos de alteración y descomposición de una roca superficial.

Métodos radiométricos: Conjunto de métodos para determinar la edad numérica de una roca a partir de la medida de los isótopos radiactivos y de sus productos de desintegración. Los métodos más usados son ^{40}K-^{40}Ar, ^{40}Ar-^{39}Ar, ^{87}Rb-^{87}Sr, ^{147}Sm-^{143}Nd, ^{238}U-^{206}Pb, ^{238}U-^{207}Pb y ^{232}Th-^{208}Pb. Para materiales muy recientes se usa el método del ^{14}C.

Mineral accesorio: Mineral presente en una roca pero en cantidades pequeñas (< 5%).

Mineral supergénico: Mineral formado por procesos que operan en la superficie terrestre o zonas próximas a la misma por los cuales las aguas meteóricas oxidan y lixivian todos o parte de los metales contenidos en un gran volumen de roca y los precipitan en otro volumen más reducido, situado inmediatamente por debajo del nivel freático.

Nesosilicatos: Cada uno de los minerales que se incluyen en una subclase, dentro de la clase de los silicatos, cuya estructura se caracteriza por contener tetraedros SiO_4 aislados, como ocurre en el olivino.

Olistostroma (Olistolito): Acumulación de materiales de muy diversa granulometría (desde bloques a lutitas). Puede tener un origen totalmente sedimentario, como el colapso de un talud, o ser el resultado de la erosión del frente de un manto de corrimiento, cuyos restos acceden a una cuenca sedimentaria, sobre cuyo fondo se deslizan. Los olistolitos son bloques de roca exóticos transportados por un deslizamiento gravitatorio (submarino o subaéreo), que se incluye dentro de rocas sedimentarias más modernas o que forma parte de un olistostroma.

Ooide (oolito): Cada una de las partículas esféricas o subesféricas que componen una roca oolítica. Son concreciones aproximadamente esféricas, cuyo tamaño se sitúa entre 0,1 y 2 mm, de estructura radial y/o concéntrica. Sus capas se forman, por lo general, alrededor de un núcleo, que frecuentemente es un fragmento de fósil, un peloide o un grano de cuarzo. En las rocas carbonatadas, los ooides u oolitos son concreciones calcáreas.

Orogénesis: Conjunto de procesos geológicos que dan lugar a la generación de un cinturón orogénico o cadena de montañas.

Pegmatita: Roca ígnea de grano muy grueso y normalmente de composición granítica, que se suele encontrar asociada a una gran masa de rocas plutónicas que tienen cristales más pequeños.

Piroeléctrico: Polarización eléctrica que aparece en un cristal debida a variaciones de temperatura.

Piezoeléctrico: Polarización eléctrica que aparece en un cristal, debida a las variaciones de presión.

Placer: Acumulación de minerales resistentes a la erosión, de gran densidad, insolubles y de gran dureza formada por la acción de agentes externos, tales como el agua y el viento, bajo la acción de la gravedad. Los placeres son fuentes de oro, estaño, platino, diamantes y otros minerales valiosos.

Plutón: Cualquier cuerpo magmático instalado en el interior de la tierra independientemente de su tamaño y forma.

Sorosilicatos: Cada uno de los minerales integrante de una subclase, dentro de la clase de los silicatos, caracterizados por una estructura en la que existen grupos de dos tetraedros de silicio-oxígeno unidos por un vértice, como ocurre en la epidota, la hemimorfita, la lawsonita y la vesubianita.

Stock: Plutón similar a un batolito, pero más pequeño.

Subsidencia: Hundimiento progresivo del fondo de una cuenca sedimentaria, que permite la acumulación de grandes espesores de sedimentos durante un intervalo de tiempo prolongado.

Tectosilicatos: Cada uno de los minerales que integra una subclase, dentro de la clase de los silicatos, en la cual cada uno de los tetraedros SiO_4 que constituyen su estructura está unido compartiendo los oxígenos de sus cuatro vértices con cuatro tetraedros vecinos, formando una trama tridimensional. Esta subclase incluye los grupos de la sílice, los feldespatos, los feldespatoides y las zeolitas.

Toba: Roca piroclástica consolidada. Según sea el tamaño medio de los granos se denomina toba de lapilli (2 a 64 mm) o toba cinerítica (menor de 2 mm). Depósito de cenizas volcánicas litificado. También es sinónimo de travertino o toba calcárea o caliza de color claro, con textura a menudo porosa o tubular, formada por precipitación de carbonato cálcico en el seno del agua, muchas veces sobre restos vegetales.

Turbidita: Sedimento o roca sedimentaria formado por corrientes de turbidez. Se trata de arenas o areniscas, localmente areniscas y ruditas calcáreas, que presentan secuencias granodecrecientes con una ordenación de estructuras sedimentarias internas muy singular, denominada secuencia de Bouma.

Unidad tectónica: Conjunto de deformaciones de escala mayor que se expresan en las rocas y que definen a una región y permiten diferenciarla de otras.

Índice alfabético de minerales

Feldespato sódico (v. albita)
Ferroactinolita (Anfíboles)
Fluorita
Galena
Goethita
Grafito
Granates
Halita (Sal común)
Hematites (Oligisto)
Ilmenita
Linarita
Magnetita
Malaquita
Marcasita
Mica blanca (v. Moscovita)
Mica negra (v. Biotita)
Monacita
Moscovita (Mica blanca)
Oligisto (v. Hematites)
Ortoclasa (Feldespato potásico)
Pechblenda (v. Uraninita)
Pirita
Pirolusita
Prehnita
Psilomelana
Rutilo
Sal común (v. Halita)
Scheelita
Serpentina
Siderita
Smithsonita
Torbernita
Turmalina
Turquesa
Uraninita (Pechblenda)
Wolframita
Wollastonita
Wulfenita
Yeso

Índice alfabético de rocas

Imágenes de minerales

SULFUROS

Figura 13. Bornita de aspecto masivo procedente de Linares.

Figura 14. Calcopirita y bornita alteradas a malaquita (Linares).

Figura 15. Pátina de calcopirita con un notable brillo metálico (Linares).

Figura 16. Esfalerita de color oscuro con cuarzo (Linares).

Figura 17. Ejemplar de galena en el que destaca el brillo metálico y la exfoliación cúbica perfecta (La Carolina).

Figura 18. Cristalitos de galena (ojo de perdiz), Linares.

Figura 19. Agregado de cristales tabulares de marcasita de color bronce (Linares).

Figura 20. Cristal cúbico de pirita de aproximadamente 5 cm de arista (Linares).

Figura 21. Cristales de hábito cúbico y maclados de pirita (La Carolina).

Figura 22. Detalle de un cristal prismático negro de casiterita con cuarzo cubierto por una pátina de óxido de hierro (Vilches).

Figura 23. Masa arriñonada de goethita (Cortijo Palomares, Carchelejo).

Figura 24. Hematites bien cristalizada (Puente Tablas).

Figura 25. Hematites roja de aspecto masivo (Torrequebradilla).

Figura 26. Agregado de cristales granulares negros de magnetita y albita (cristales blancos) de origen ígneo (Carchelejo).

Figura 27. Agregados dendríticos de pirolusita en forma de pátina sobre material calcáreo.

Figura 28. Agregado de cristales blancos equidimensionales de fluorita (Mures).

Figura 29. Cristales cúbicos de fluorita (Mures).

Figura 30. Agregado de cristales de anquerita, en tonos crema y hábito equidimensional (romboedros) (Andújar).

Figura 31. Azurita en forma de pátina (Linares).

Figura 32. Pátina de azurita y algo de malaquita (La Carolina).

Figura 33. Agregado de cristales de calcita incoloros y de aspecto vítreo (La Carolina).

Figura 34. Agregado de cristales escalenoédricos de calcita con marcasita (Linares).

Figura 35. Agregado de cristales escalenoédricos (dientes de perro) de calcita de color lechoso (Linares).

Figura 36. Calcita de un afloramiento de la Sierra de Ahillo (Alcaudete).

Figura 37. Cristales prismáticos de cerusita (Linares).

Figura 38. Malaquita (verde) y calcopirita (amarillo oro) en una muestra procecente de Linares.

Figura 39. Cristales romboédricos de siderita (La Carolina).

SULFATOS

Figura 40. Anglesita (cristales incoloros de aspecto vítreo y hábito prismático) formada a partir de galena (cristales oscuros y con brillo metálico) (Linares).

Figura 41. Agregado de cristales tabulares de barita en forma de roseta (Linares).

Figura 42. Agregado de cristales prismáticos de celestina (Puente Tablas).

Figura 43. Celestina con hábito arriñonado y de color amarillento (Puente Tablas).

Figura 44. Linarita en forma de pátina (Linares).

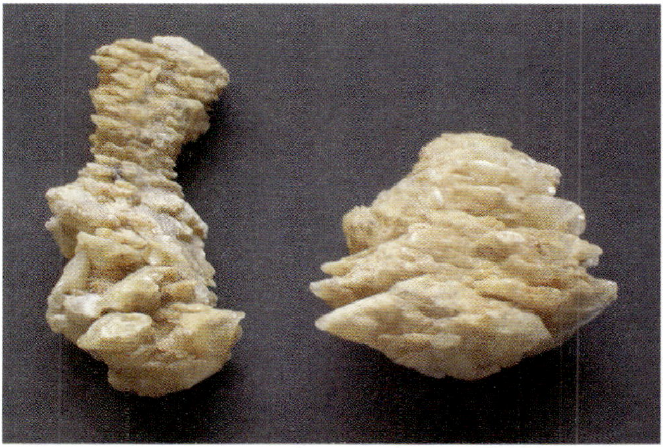

Figura 45. Cristales tabulares de yeso (Puente Tablas).

Figura 46. Ejemplar de yeso rojo (Cabra del Santo Cristo).

Figura 47. Cristales prismáticos de yeso en las salinas de Hinojares.

WOLFRAMATOS Y MOLIBDATOS

Figura 48. Cristales de color negro y hábito tabular de wolframita con cuarzo y cristalitos dorados de pirita (Linares).

Figura 49. Cristales prismáticos de wolframita con cuarzo (blanco) y arsenopirita (dorado) de Vilches.

Figura 50. Cristales tabulares y anaranjados de wulfenita (Linares).

SILICATOS

Figura 51.- Cristales de feldespato sódico (Carchelejo).

Figura 52. Cristales prismáticos de andalucita en una corneana próxima al plutón de Santa Elena.

Figura 53. Cristales prismáticos de andalucita en una corneana en las proximidades del plutón de Santa Elena.

Figura 54. Crisocola masiva (Linares).

Figura 55. Pirámides ditrigonales de cuarzo lechoso (Alcalá la Real).

Figura 56. Detalle de una geoda de cuarzo (Despeñaperros).

Figura 57. Agregado de cristales de cuarzo verdoso (Linares).

Figura 58. Cristales aciculares formando agregados radiales de ferroactinolita (Cambil).

Figura 59. Agregados radiales de anfíboles de hábito acicular (Cambil).

Figura 60. Granates de hábito equidimensional (variedad almandino) de Linares.

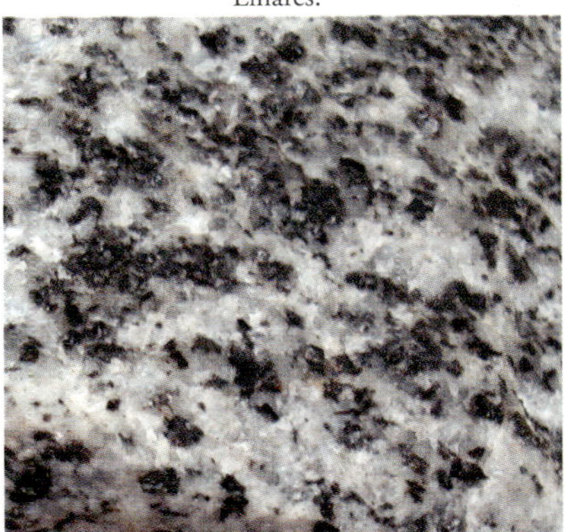

Figura 61. Asociación de mica negra y feldespato sódico-cálcico (plagioclasa) en granodiorita de La Aliseda (La Carolina).

Figura 62. Disposición característica de los cristales tabulares de prehnita (Carchelejo).

Figura 63. Serpentina procedente de Linares.

Figura 64. Cristal prismático de turmalina acompañado de cuarzo (vítreo y de aspecto graso) y ortoclasa (de aspecto lechoso) (Santa Elena).

Figura 65. Haces radiales de turmalina rodeada de feldespato en una pegmatita del plutón de Santa Elena.

Figura 66. Cristales blancos de hábito fibrosorradiado de wollastonita en torno a greenalita (variedad de la serpentina), Carchelejo.

Imágenes de rocas

ÍGNEAS

Figura 67. Basalto (lavas almohadilladas submarinas). Jurásico superior, Subbético (Noalejo).

Figura 68. Basaltos (lavas almohadilladas submarinas). Jurásico superior, Subbético (Barranco de los Lobos, Huelma).

Figura 69. Afloramiento de doleritas (material oscuro de la parte inferior) y mármoles (parte superior de color blanquecino) del Subbético (Sierra de San Pedro, Alcalá la Real).

Figura 70. Detalle de dolerita del Jurásico medio, Subbético (Sierra de San Pedro, Alcalá la Real).

Figura 71. Ofita de edad triásica del Subbético (Cárcheles).

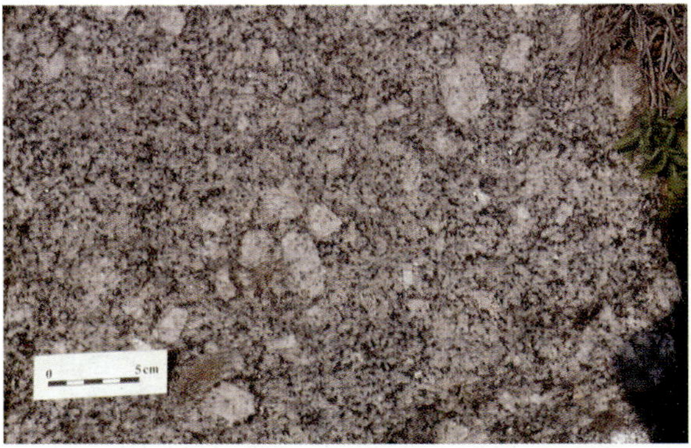

Figura 72. Granito, Zona Centroibérica al norte de Andújar (Batolito de Los Pedroches). Se observan con claridad los cristales blancos de hábito prismático de feldespato y los cristalitos negros mayoritariamente biotíticos.

Figura 73. Granito con enclave de pizarra poco modificado por la interacción con el magma. Zona Centroibérica (La Aliseda, La Carolina).

Figura 74. Granodiorita pegmatítica con grandes cristales de moscovita, feldespato y cuarzo (Carretera de La Aliseda, La Carolina).

Figura 75. Granodiorita meteorizada, Zona Centroibérica (La Aliseda, La Carolina).

Figura 76. Granodiorita, Zona Centroibérica (Santa Elena).

SEDIMENTARIAS

Figura 77. Conglomerado de edad triásica, de la Cobertera Tabular de la Meseta al oeste de Marmolejo.

Figura 78. Arenisca de edad triásica de la Cobertera Tabular de la Meseta (Embalse del Río Yeguas, Marmolejo).

Figura 79. Calcarenita con sílex del Jurásico superior. Subbético (Los Villares).

Figura 80. Calcarenita con estructura laminada del Subbético (Los Villares).

Figura 81. Calcarenita del Mioceno superior, de la Cuenca del Guadalquivir (Porcuna).

Figura 82. Arenisca del Ordovícico de Sierra Morena con abundantes restos fósiles de braquiópodos.

Figura 83. Brecha con cantos calizos de la Depresión del Guadalquivir (Martos) de edad Mioceno superior.

Figura 84. Brecha del Jurásico medio, Subbético del Cerro de San Cristóbal (Jaén).

Figura 85. Vista panorámica de afloramientos de caliza oolítica del Jurásico medio (Río Quiebrajano, proximidades de Otíñar).

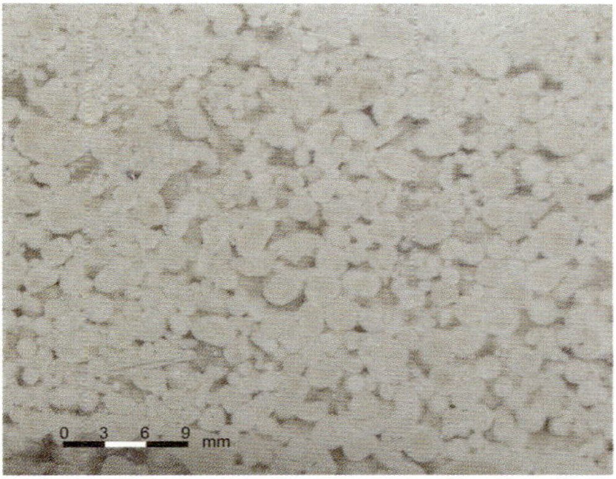

Figura 86. Caliza oolítica, Subbético de Otíñar. Los oolitos blancos están rodeados de cemento esparítico (transparente o incoloro).

Figura 87. Caliza nodulosa roja con ammonites. Subbético de la Sierra del Trigo, entre Noalejo, Frailes y Valdepeñas de Jaén.

Figura 88. Alternancia de calizas margosas y margas del Jurásico inferior, Subbético de La Cerradura.

Figura 89. Caliza con nódulos de sílex del Jurásico superior en el Subbético, Jabalcuz (Los Villares).

Figura 90. Travertino del Cuaternario (Frailes). Se observan los moldes cilíndricos de los tallos de plantas.

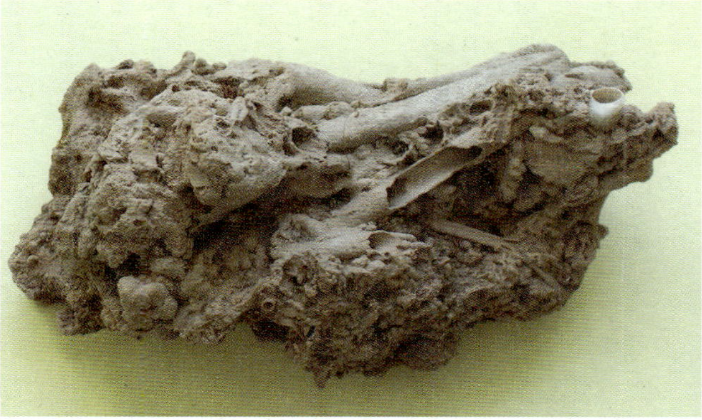

Figura 91. Travertino con moldes calcáreos de tallos vegetales (Sabiote).

Figura 92. Diatomita con laminación de la Cuenca del Guadalquivir, de edad miocena (Martos).

Figura 93. Dolomía fracturada de edad triásica (Cerro de Los Lirios, Jaén).

Figura 94. Dolomía del Cretácico inferior, Prebético (Sierra de Jódar).

Figura 95. Dolomía ruiniforme del Cretácico, Prebético, Navaltornillo (Sierra de Segura).

Figura 96. Arcillita de edad triásica, Subbético (Huelma).

Figura 97. Margocaliza de edad miocena en la Cuenca del Guadalquivir (La Guardia).

Figura 98. Radiolarita del Jurásico superior, Subbético (Barranco de la Jarropa, Campillo de Arenas).

Figura 99. Caliza con sílex en capas del Jurásico Medio, Sierra de Ahillo (Alcaudete).

Figura 100. Caliza con niveles de sílex del Jurásico superior del Subbético, Jabalcuz (Los Villares).

Figura 101. Afloramiento de yeso del Triásico en Alcaudete.

Figura 102. Cuarcita con laminación, de edad ordovícica, en la Zona Centroibérica del Macizo Ibérico (Aldeaquemada).

Figura 103. Cuarcita de Despeñaperros (o Armoricana) de la Zona Centroibérica (Santa Elena). Se observa la disposición casi vertical de la estratificación.

Figura 104. Pizarra de la Zona Centroibérica de edad carbonífera, al norte de Andújar.

Figura 105. Pizarra de la Zona Centroibérica de edad silúrica (La Carolina).

Figura 106. Filita de la Zona Centroibérica de edad carbonífera en la carretera de El Centenillo (La Carolina).

Anexo I

Escala del tiempo geológico desde el Arcaico al Paleozoico (Ma = millones de años).

Era	Periodo	Época	Piso	Ma
Paleozoico	Pérmico	Lonpingiense		252
		Inferior		
	Carbonífero – Pensilvaniense	Gzeliense		299
		Kazimoviense		
		Moscoviense		
		Bashkiriense		
	Carbonífero – Mississipiense	Serpukhoviense		
		Visense		
		Tournaisiense		
	Devónico	Superior		359
		Medio		
		Inferior		
	Silúrico	Pridoli		419
		Ludlow		
		Wenlock		
		Llandovery		
	Ordovícico	Ashgill		443
		Caradoc		
		Llandeilo		
		Llanvirn		
		Arenig		
		Tremadoc		
	Cámbrico	Superior		485
		Medio		
		Inferior		
Proterozoico	Vendiense			541
Proterozoico				565
Arcaico				2500
				4000

Anexo II

Escala del tiempo geológico desde el Mesozoico hasta la actualidad (Ma = millones de años).

Era	Periodo		Época	Piso	Ma
Cenozoico	Cuaternario		Holoceno		
			Pleistoceno		2,6
	Terciario	Neógeno	Plioceno	Piacenziense	
				Zancliense	5,3
			Mioceno	Messiniense	
				Tortoniense	
				Serravaliense	
				Langhiense	
				Burdigaliense	
				Aquitaniense	23,0
		Paleógeno	Oligoceno	Chattiense	
				Rupeliense	33,9
			Eoceno	Priaboniense	
				Bartoniense	
				Lutetiense	
				Ypresiense	56,0
			Paleoceno	Thanetiense	
				Daniense	66,0
Mesozoico	Cretácico		Superior	Mastrichtiense	
				Campaniense	
				Santoniense	
				Coniaciense	
				Turoniense	
				Cenomaniense	100,5
			Inferior	Albiense	
				Aptiense	
				Barremiense	
				Hauteriviense	
				Valanginiense	
				Berriasiense	145,0
	Jurásico		Superior	Tithónico	
				Kimmeridgiense	
				Oxfordiense	163,5
			Medio	Calloviense	
				Bathoniense	
				Bajociense	
				Aaleniense	174,1
			Inferior	Toarciense	
				Pliensbachiense	
				Sinemuriense	
				Hettangiense	201,3
	Triásico		Superior	Rhaetiense	
				Noriense	
				Carniense	235,0
			Medio	Ladiniense	
				Anisiense	247,2
			Inferior	Spathiense	
				Nammaliense	
				Griesbachiense	252,0

Anexo III

Elementos químicos (nombre y símbolo correspondiente) citados en la obra.

Aluminio	Al	Hidrógeno	H
Antimonio	Sb	Hierro	Fe
Azufre	S	Itrio	Y
Bario	Ba	Lantano	La
Bismuto	Bi	Magnesio	Mg
Boro	B	Manganeso	Mn
Calcio	Ca	Mercurio	Hg
Carbono	C	Molibdeno	Mo
Cerio	Ce	Oxígeno	O
Cinc	Zn	Plata	Ag
Circonio	Zr	Plomo	Pb
Cloro	Cl	Potasio	K
Cobre	Cu	Silicio	Si
Cromo	Cr	Sodio	Na
Estaño	Sn	Titanio	Ti
Estroncio	Sr	Torio	Th
Fósforo	P	Tungsteno(Wolframio)	W
Flúor	F	Uranio	U

Este libro se terminó de imprimir el 11 de diciembre de 2012, "Día Internacional de las Montañas" en los talleres de Gráficas La Paz de Torredonjimeno

En la parte central del libro, la dedicada a la distinción de las plantas medicinales, éstas están agrupadas por colores, constituyendo en total cinco grupos de plantas.

➤ Flor amarilla
Páginas 84-113

Contiene todas las plantas medicinales cuyas flores tienen tonos amarillos, desde los más pálidos hasta los amarillos verdosos y los anaranjados.

➤ Flor verde o inapreciable
Páginas 114-121

Contiene todas las plantas medicinales que poseen flores verdes o flores muy pequeñas o inapreciables.

Símbolos de las distintas partes de las plantas que generalmente se usan en medicina:

- Raíz
- Planta completa
- Hojas
- Flores
- Frutos o semillas

Planta muy tóxica

En el texto vienen indicadas otras plantas menos tóxicas cuyos efectos pueden ser perjudiciales para la salud.

El mundo de las plantas medicinales

¿Qué es lo que convierte a una planta en planta medicinal? Muchas plantas contienen sustancias que proporcionan alivio o incluso curan determinadas dolencias. Esta guía presenta las principales hierbas, árboles y arbustos de la naturaleza de nuestro entorno que se llevan recolectando desde tiempos inmemoriales por sus poderes curativos. Junto a estas hierbas medicinales silvestres describimos también aquellas plantas que empezaron a cultivarse en los huertos de las boticas de los conventos medievales y luego pasaron a encontrarse en los huertos campesinos. Hoy las hallamos en jardines botánicos, en huertos reconstruidos de hierbas medicinales y, a veces (siempre y cuando hayan podido adaptarse al medio silvestre), en plena naturaleza.

› La flor de la manzanilla está constituida por una cabezuela.

La naturaleza tiene prioridad

Entre las plantas medicinales se encuentran algunas en peligro de extinción. Por este motivo están protegidas legalmente, por ejemplo el árnica o el trébol de río, y no se pueden coger ni trasladar a otro terreno bajo ningún pretexto. Pero también es importante al recolectar grandes cantidades no poner en peligro las existencias de aquellas plantas que no están protegidas.

La denominación latina

En este libro se indica siempre la denominación en latín. Y es que a diferencia del nombre en español, el latín es inequívoco y tiene validez internacional. En todos los productos farmacéuticos elaborados con plantas medicinales, así como en homeopatía, es habitual el uso de la nomenclatura latina.

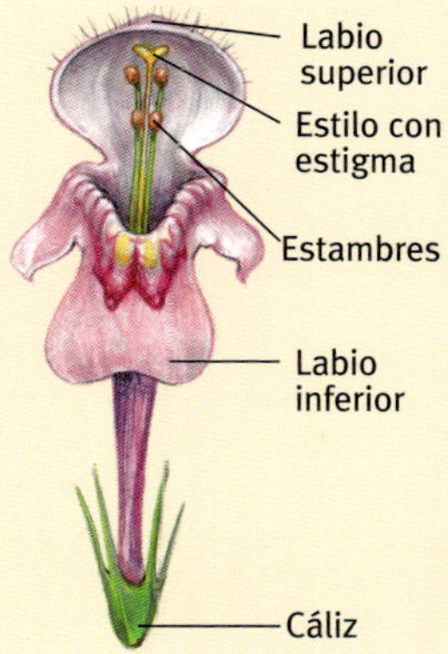

› Tanto las flores amariposadas o papilionáceas como las labiadas tienen una estructura completamente simétrica.

Las flores

Las características externas de las flores constituyen en casi todas las plantas medicinales el signo distintivo para que el lego pueda diferenciarlas correctamente.

La forma de las flores

Por muy complicada que nos parezca la flor en sí, ésta siempre se compone de cuatro partes: cáliz, corona, estambres y ovario, que posee a su vez pistilo y estigma. La flor puede tener una simetría radiada o bilateral, la cual se determina por la cantidad o la forma de los pétalos.

Inflorescencia

La inflorescencia de muchas plantas puede presentar una o varias flores. Una umbela, por ejemplo, está compuesta por varias flores cuyos pedúnculos confluyen en un punto común; el racimo es una inflorescencia con varios ejes compuestos; y la espiga sólo tiene un eje sobre el que se asientan las flores pediceladas. En las asteráceas, como la manzanilla, el tallo parece soportar una única flor grande, sin embargo se trata de una inflorescencia asterácea compuesta por numerosas flores de formas tubulosas y liguladas.

Las hojas

Fuera del tiempo de floración, las hojas constituyen los órganos más característicos de las plantas.

Tipos de hojas

Las hojas pueden ser simples o compuestas: en las hojas simples el limbo forma una superficie continua, mientras que en las compuestas está dividido en fragmentos que llegan al nervio principal.

› Anserina (*Potentilla anserina*)

Si a su vez las hojas se subdividen, se habla entonces de hojas pinnaticompuestas y hojas bipinnaticompuestas.

Hojas especiales

Por hojas portadoras de brotes entendemos aquellas hojas en cuyas axilas brotan yemas o flores. Las hojas secundarias se encuentran en la base del tallo y las vainas foliares son ramificaciones del peciolo, que envuelve el tallo como si se tratase de una vaina.

Clasificación según el crecimiento

Existe una serie de plantas medicinales que pertenecen al grupo de los árboles o de los arbustos, ya que tienen troncos leñosos, ramas y ramificaciones y una esperanza de vida de muchos años. Pero la mayoría de las plantas medicinales son arbustos, es decir, plantas herbáceas que no son leñosas, o a lo sumo lo son en su parte inferior. Suelen sobrevivir el invierno gracias a los órganos de almacenamiento y supervivencia de los que disponen, ya sean raíces, bulbos o determinadas partes del tallo que se encuentran bajo tierra.

Encontramos también plantas medicinales de uno o dos años de vida. Las que viven un año concluyen su ciclo vital en un solo periodo de vegetación con la generación de semillas que brotan en la primavera siguiente. Las plantas de dos años suelen sobrevivir el invierno como pequeñas plantas sin florecer hasta el segundo año de vida.

Formas de las hojas

redondeada y ovalada

alargada y lanceolada

palmada

pinnada

pluripinnada

Bordes de las hojas

liso

dentado

lacerado

Posición de las hojas

basal

opuesta

alterna

El la fitoterapia moderna, la hierba de San Juan es considerada una planta medicinal de efecto comprobado.

Drogas buenas y drogas malas

En el lenguaje farmacéutico, se denomina droga cualquier sustancia de efectos medicinales; en el caso de una planta medicinal esto puede implicar tanto a las hojas como a las flores. Precisamente en este libro se utiliza el término droga en su acepción positiva, pese a que en el lenguaje coloquial ha adquirido un matiz exclusivamente negativo.

Aplicación de las plantas medicinales

Siempre y cuando la aplicación sea correcta, determinadas sustancias de las plantas pueden tener un efecto beneficioso para la salud del organismo humano. Sin embargo, en dosificaciones excesivamente altas, éstas pueden convertirse en sustancias tóxicas. La utilización correcta de las plantas medicinales presupone un conocimiento fundamentado y no debería aplicarse sin la recomendación de un médico.

Medicina tóxica

Los venenos más fuertes del reino vegetal son los alcaloides. Actúan sobre el sistema nervioso y suelen utilizarse en medicina como analgésicos o fuertes calmantes. Además muchas plantas medicinales contienen glicósidos, compuestos monosacáridos de diferente composición, entre los que se encuentran tam-

ÁRNICA: LA TRANSFORMACIÓN DE UNA PLANTA MEDICINAL

Hasta hace muy poco, el árnica era considerada una de las plantas medicinales por excelencia. Sin embargo, investigaciones realizadas recientemente han demostrado que no es ni mucho menos inocua, sino que se trata de una peligrosa planta venenosa cuya ingesta no es recomendable bajo ningún pretexto.

bién algunos venenos. También los saponinos y los flavonoides pertenecen al grupo de los compuestos monosacáridos que tienen un efecto medicinal.

Otras sustancias

Los aceites esenciales son sustancias etéreas cuya fragancia se puede percibir con facilidad. Otra sustancias son los taninos, que se unen con las mucosas y proporcionan alivio, por ejemplo en los resfriados o en las dolencias gastrointestinales; las sustancias amargas, que estimulan la actividad de las glándulas digestivas, como la vesícula, por ejemplo; y las sustancias viscosas, que tienen un efecto protector, de ahí que las sustancias que contiene la malva sirvan como droga para proporcionar alivio en las infecciones de boca y garganta.

› Las malvas contienen abundantes mucílagos y taninos.

› El ajo de oso contiene alicina, la responsable del intenso olor a ajo.

Guía de identificación de las plantas

De la flor abierta del brezo sobresalen los pétalos y el estilo.

Brezo

Calluna vulgaris

Características: arbusto de hoja perenne, de entre 20 y 50 cm de altura, de ramas erguidas o echadas hacia los lados, brotes de forma cuadrangular y hojas pequeñas dispuestas como escamas. Sus flores rosáceas (a veces también blancas) aparecen de julio a agosto agrupadas en racimos muy densos. A partir de septiembre crece el fruto, una cápsula diminuta, redonda y de color marrón.

Hábitat: pinares, arenales costeros y dunas en toda Europa; suelos estériles y áridos. Es muy frecuente.

Aplicación: las hojas secas y las flores del brezo contienen taninos, glucósidos y arbutina. Ésta es desinfectante, de ahí que en la medicina natural se utilice contra las infecciones de las vías urinarias. En la medicina popular, la decocción del brezo es conocida como diurético para las dolencias de riñón y vejiga, reuma y gota.

Particularidades

Las flores acampanadas, que aparecen solitarias en las axilas de las hojas, están compuestas por cuatro pétalos y forman densos racimos terminales.

> Mediante incisión en la cápsula de la adormidera se extrae el lechoso jugo tóxico.

Adormidera

Papaver somniferum

CARACTERÍSTICAS: planta herbácea anual, de 30 a 150 cm de altura, con tallo desprovisto de hojas en la parte inferior y ligeramente velloso y áspero en la parte superior. Las hojas son de color verde grisáceo y entre ovaladas y alargadas. Las flores, rosáceas, entre violeta y rojas, aparecen de junio a agosto. El fruto se presenta en cápsula y al cortarse brota un jugo lechoso.
HÁBITAT: se cultiva con fines medicinales en el sureste de Europa, Asia Menor y otros países sudorientales de Asia. Rara vez se encuentra silvestre.
APLICACIÓN: en la medicina se utiliza el jugo lechoso de las cápsulas inmaduras, que es el que contiene las conocidas morfina, codeína y papaverina. Todas las sustancias de esta planta tóxica están sujetas a la ley de estupefacientes y sustancias psicotrópicas y deben ser recetadas por el médico. Sin embargo, las semillas de la adormidera que se usan habitualmente en repostería no son tóxicas.

PARTICULARIDADES

La flor de la adormidera, con sus cuatro anchos pétalos y las cápsulas redondas, es inconfundible.

> La malva real (*Alcea rosea*) posee flores propias de jardín de escasa importancia medicinal.

Malvavisco
Althaea officinalis

CARACTERÍSTICAS: planta alternifoliada, con hojas ovaladas de márgenes aserrados o hendidos y cuyos tallos alcanzan entre 60 y 150 cm. Las flores, rosáceas y a veces también blanquecinas, aparecen entre julio y septiembre en fascículos axilares de cinco pétalos bilobulados y vellosos en la parte interior de la base. El fruto se desprende una vez maduro conteniendo una semilla y cae al suelo.
HÁBITAT: praderas y márgenes de ríos; suelos húmedos, que también pueden ser salados.

APLICACIÓN: el malvavisco contiene, especialmente en las hojas y en la raíz, abundante mucílago. Además, las hojas contienen aceites esenciales. Por su efecto antiinflamatorio y calmante se usa en las enfermedades de garganta y vías respiratorias preparado en infusiones. También se utiliza para hacer compresas calmantes contra furúnculos.

PARTICULARIDADES

El malvavisco se diferencia de la malva real por sus pálidas flores rosáceas de unos 5 cm de ancho y los tallos y hojas vellosos.

Malva

Malva neglecta

> **PARTICULARIDADES**
>
> Se diferencia de otras malvas similares por los tallos tendidos y las hojas redondeadas.

CARACTERÍSTICAS: planta anual, de 10 a 40 cm, con tallos ligeramente vellosos, tendidos y ascendentes, hojas largamente pecioladas, dentadas en el borde, y peciolo cordiforme. Las flores, de hasta 2,5 cm de diámetro y rosáceas o casi blancas, aparecen de junio a septiembre. Los frutos parecen pequeños quesitos, son comestibles y una vez maduros algunos se desprenden.

HÁBITAT: extendida en bordes de caminos; suelos áridos o arcillosos. Es escasa.

APLICACIÓN: las hojas de la malva son ricas en mucílagos y algún tanino. Esta combinación es ideal para combatir las infecciones de garganta, vías respiratorias y tracto gástrico. El mucílago alivia la tos y los taninos actúan de forma astringente protegiendo las mucosas. Se utiliza sobre todo para hacer gárgaras.

Rosal silvestre o escaramujo

Rosa canina

Características: arbusto de 1 a 3 m, con tallos y ramificaciones colgantes cubiertos de espinas curvas y hojas alternas, compuestas e imparipinnadas, con bordes dentados y entre 5 y 7 hojuelas aovadas. En junio aparecen en los extremos de las ramas flores de 4 a 5 cm de diámetro y color rosa pálido. Los frutos son escaramujos rojos y ovalados (véase interior de la contraportada).

Hábitat: arbustos, setos y bordes de bosques; suelos arcillosos.

Particularidades

Los cinco pétalos de las pálidas flores rosadas tienen una leve hendidura. Los sépalos se retraen al marchitarse y caen antes que el fruto.

Aplicación: de la rosa silvestre se utilizan medicinalmente los pétalos y los escaramujos. Éstos contienen taninos, ácidos y azúcar. La cáscara de los escaramujos tiene además un alto contenido de vitamina C. Con los últimos se preparan mermeladas y zumos. Los otros componentes sirven como sustancias diuréticas contra piedras de vejiga o riñón y como laxante suave.

La pimpinela blanca (*Pimpinella saxifraga*) tiene hojas similares, pero en época de floración se distingue por sus umbelas apicales.

Pimpinela mayor

Sanguisorba officinalis

PARTICULARIDADES

La pimpinela mayor es inconfundible por sus flores aovadas con pequeñas inflorescencias, que sólo están compuestas por pétalos.

CARACTERÍSTICAS: arbusto de 30 a 150 cm, con tallos erguidos que sólo se ramifican escasamente en la parte superior y hojas basales compuestas de foliolos impares que tienen hasta 15 pares de dientes. Las hojas alternas del tallo poseen menos foliolos. En el ápice de las ramas aparecen de junio a agosto cápsulas de 3 cm de diámetro con pequeñas flores de un vivo color rojo. Los frutos también parecen pequeñas nueces.
HÁBITAT: humedales, pantanos, zanjas y orillas de ríos; suelos de humedad variable. Es escasa en algunas zonas.
APLICACIÓN: en la Edad Media se suponía que, dado el color rojo de sus flores, éstas podrían ser útiles contra hemorragias. Y efectivamente tanto las hojas como la raíz contienen taninos que ayudan a cicatrizar las heridas. Actualmente se recomienda contra problemas en el sistema arterial y venoso.

> Las flores de la centáurea menor (*Centaurium erythraea*) son parecidas, pero de un color mucho más intenso.

Jabonera

Saponaria officinalis

CARACTERÍSTICAS: planta de 30 a 70 cm de altura, sin ramificaciones y con hojas opuestas, alargadas, delgadas y de bordes lisos. Florece de julio a septiembre con flores agrupadas en las axilas del tercio superior, que suelen ser de un rosa pálido, a veces casi blanquecino y poseen pétalos tubulares unidos en cáliz cilíndrico. El fruto es una cápsula oblonga.

HÁBITAT: orillas de ríos, caminos, tierras sin cultivar; suelos húmedos.

APLICACIÓN: las raíces de la jabonera contienen grandes cantidades de saponinas. Si se trituran y se dejan en remojo actúan como el jabón. Se usa en el tratamiento de catarros y bronquitis por su efecto expectorante y mucolítico. La homeopatía receta la jabonera contra las depresiones.

PARTICULARIDADES

Los cinco pétalos de la *Saponaria officinalis* se insertan en un cáliz largo que al finalizar la floración parece abultado.

Valeriana

Valeriana officinalis

PARTICULARIDADES

Es inconfundible por sus hojas delgadas paripinnadas y los brotes rosados que florecen de color blanco.

CARACTERÍSTICAS: planta que alcanza entre 70 y 150 cm, con tallos erguidos y acanalados y hojas compuestas pinnadas y vellosas en el suelo en forma de rosetón y en el tallo en la parte inferior opuesta. Las flores, agrupadas en inflorescencias aplanadas umbeliformes, son de color rosado suave o blanquecinas. Los frutos son diminutos, con forma de avellana, y en su punta aún conservan restos del cáliz.

HÁBITAT: claros de bosques, praderas húmedas, zanjas y bordes de ríos; suelos arcillosos.

APLICACIÓN: la valeriana ya se conoce desde los tiempos de la antigua Grecia como sedante contra las depresiones, los estados de ansiedad y el insomnio. Las sustancias responsables de este efecto se encuentran en la raíz y pueden utilizarse en decocciones o tinturas. La valeriana ejerce un fuerte atractivo sobre los gatos.

> Consumidos frescos, los arándanos constituyen una fruta silvestre rica en vitaminas. Secos ayudan contra la diarrea.

Arándano

Vaccinium myrtillus

Características: pequeña mata de unos tres palmos de altura, con tallos abundantes y muy ramificados (los brotes jóvenes y verdes tienen bordes alados) y hojas alternas, pediceladas y ligera y regularmente serradas. Las flores son redondas y aparecen de mayo a junio solitarias en la axila de las hojas superiores. Los frutos son bayas de color azul oscuro, con pulpa y jugo azules.

Hábitat: bosques y arenales pantanosos; siempre en suelos ácidos o de turba. Es frecuente.

Aplicación: los frutos contienen, entre otros, taninos, flavonoides, ácidos de frutas y vitaminas; las hojas contienen taninos y flavonoides. La medicina aprovecha las propiedades antiglucémicas del arándano; la medicina popular emplea arándanos secos para combatir la diarrea.

Particularidades

Los pétalos rojos del arándano, con frecuencia también verdosos, están unidos a la flor esférica dejando sólo una estrecha apertura con cinco picos.

› En la baya aún verde (que cuando madure pasará a ser negra) se observa el cáliz con los cinco sépalos.

Belladona

Atropa bella-donna

CARACTERÍSTICAS: arbusto de 60 a 120 cm, con tallos muy ramificados, hojas alternas, ovaladas, acuminadas, de envés más claro y nervadura marcada. Las flores, campaniformes y con cinco sépalos marcados, aparecen en junio y julio en las axilas de los tallos superiores y medios. Los frutos son bayas de color negro brillante, de 1 a 1,5 cm de diámetro y contienen un jugo rojo pálido.

HÁBITAT: claros de bosques, sobre todo en los de montaña; suelos fértiles. Frecuente.

APLICACIÓN: planta tóxica de efecto mortal que bajo ningún pretexto debe utilizarse por personas inexpertas. La medicina usa principios activos como espamolítico y para dilatar las pupilas. En la Edad Media, la belladona era uno de los principales ingredientes en las pócimas que elaboraban las brujas.

PARTICULARIDADES

El color de sus flores campaniformes puede oscilar entre un rojo muy oscuro y un violeta azulado. Las flores se asientan en un cáliz pentámero.

› Las hojas basales del cardo mariano, profundamente denticuladas, forman una amplia roseta.

Cardo mariano

Silybum marianum

CARACTERÍSTICAS: planta anual, de 50 a 150 cm de altura y con hojas recorridas en su haz por franjas blanquecinas. Las hojas basales forman una roseta, las demás se presentan alternas en el tallo: las inferiores provistas de fuertes espinas en los bordes y las superiores de bordes casi lisos. De junio a septiembre aparecen las flores en capítulos solitarios situados en el ápice de los tallos florales, con brácteas espinosas y llamativamente largas. Los frutos, de unos 7 mm de diámetro, poseen papus constituido por blancos pelos brillantes.

HÁBITAT: fue introducida en la región mediterránea como planta medicinal y se extendió a suelos áridos.

APLICACIÓN: está comprobado que las sustancias que contienen los frutos del cardo mariano actúan contra las dolencias hepáticas como infecciones, intoxicaciones y contra la esteatosis hepática.

PARTICULARIDADES

Las grandes hojas veteadas y las brácteas espinosas que rodean la flor le hacen perfectamente reconocible.

En la planta de la bardana aparecen todas las fases evolutivas de la flor: desde sus primeros brotes hasta las flores marchitas.

Bardana
Arctium lappa

CARACTERÍSTICAS: cardo anual, de 60 a 180 cm de altura, con tallo con estrías transversales y hojas basales de hasta 50 cm de largo, marcadamente cordiformes y de tamaño reducido a medida que ascendemos. Las flores aparecen en julio y agosto formando racimos sueltos reunidos en corimbos, inflorescencias tubulares de color púrpura, y rodeados de hojas espinadas. Los frutos miden 7 mm y poseen corona de pelos amarillos.

HÁBITAT: zonas áridas, bordes de caminos, arenales de ríos y vías de ferrocarril; suelos arcillosos.

APLICACIÓN: sólo la raíz de la bardana se aprovecha para fines medicinales. Contiene taninos y mucílagos, así como otras sustancias que inhiben el crecimiento de hongos y bacterias. Se usa en medicamentos diuréticos y coleréticos, así como para estimular las secreciones biliares.

PARTICULARIDADES

Las grandes hojas y las cabezuelas, de hasta 4,5 cm de diámetro y envueltas por hojas espinadas, son distintivos inconfundibles de la bardana.

› La equinácea purpúrea (*Echinacea purpurea*) tiene flores similares, pero sus hojas son más anchas. Tiene además las mismas propiedades.

Equinácea

Echinacea angustifolia

CARACTERÍSTICAS: planta de hasta 1 m de altura, vellosa, con tallo recto, ramificado en la parte superior, y hojas alargadas. De mayo a octubre aparecen las flores tubulosas; las periféricas son liguladas, de color rosa y con frecuencia ligeramente colgantes. Los frutos son cuadrangulares y poseen corona vellosa.

HÁBITAT: es originaria de Norteamérica; en Europa se cultiva con fines medicinales y se emplea también como planta decorativa.

APLICACIÓN: ya los indios conocían las propiedades curativas de la equinácea y la utilizaban para cicatrizar heridas y como antipirético. Actualmente, la medicina natural emplea sobre todo la equinaceína contenida en hojas y raíz. Aplicada en pomadas y gotas estimula las defensas del sistema inmunitario contra las infecciones.

PARTICULARIDADES

La equinácea es inconfundible por sus flores compuestas y el centro de aspecto cónico y color castaño.

La aristoloquia hueca (*Corydalis cava*) es similar, pero tiene las flores más grandes, con un largo espolón y los foliolos más anchos.

Fumaria

Fumaria officinalis

CARACTERÍSTICAS: planta anual que alcanza de 10 a 40 cm de altura, de tallo esbelto con numerosas ramificaciones y hojas alternas pinnaticompuestas, finamente divididas, lanceoladas y de color verde grisáceo. Entre abril y octubre aparecen las flores dispuestas en las axilas foliares en forma de racimo cuyo color varía entre rosado y rojizo. Poseen sépalos dentados y el fruto es globoso.

HÁBITAT: cultivos, cultivos abandonados, viñedos y jardines; suelos fértiles.

APLICACIÓN: en sus partes verdes la fumaria contiene sustancias que estimulan la actividad biliar. Por ello la medicina natural la utiliza contra los trastornos biliares, aunque también tiene efecto diurético y laxante.

PARTICULARIDADES

Las flores, de escasamente 1 cm de diámetro, poseen una considerable espora, un aguijón verdoso en la corola y finos sépalos.

Agripalma o cardiaca

Leonurus cardiaca

CARACTERÍSTICAS: hierba con tallos de 30 a 100 cm de altura y hojas opuestas, anchas en la parte inferior del tallo y que poseen entre 3 y 7 lóbulos; las superiores, más finas y alargadas, terminan en 2 ó 3 picos. Las flores, de color violeta rosado, se agrupan entre junio y septiembre en espigas redondeadas que salen de las axilas de las hojas superiores; tienen cáliz espinoso y corola labiada. El fruto es insignificante y está formado por cuatro pequeños aquenios. **HÁBITAT:** cultivos abandonados, bordes de caminos y arbustos; suelos húmedos y lugares protegidos. **APLICACIÓN:** contiene alcaloides y glucósidos que actúan como calmantes sobre el corazón. Son los principios activos de las partes aéreas los que tienen, como la valeriana, este efecto calmante. Sin embargo, la ingesta de grandes cantidades puede producir vómito o dolores gástricos.

PARTICULARIDADES

Son características las hojas dentadas y alargadas, así como sus inflorescencias en forma de espiga alargada.

Las densas inflorescencias de la betónica con su intenso color rojo son sus rasgos más característicos.

Betónica

Betonica officinalis

CARACTERÍSTICAS: planta de 20 a 70 cm de altura, con tallo erguido cuadrangular y hojas opuestas, algo arrugadas y con bordes dentados obtusos; las hojas basales son más grandes y alargadas y forman una roseta. Las flores aparecen de junio a agosto formando densas espigas en tallos laterales; son labiadas, de cáliz velloso y la corola se abre en dos lóbulos, uno superior plano y otro inferior trilobulado. El fruto, insignificante, está formado por cuatro pequeños aquenios.

HÁBITAT: matorrales, brezales, pantanos, bosques clareados, praderas de montaña; suelos húmedos.

APLICACIÓN: la betónica es una planta medicinal muy antigua que actualmente se usa muy poco. Entre otros, contiene taninos y sustancias amargas y se aplicaba, de forma tópica, para sanar heridas. En infusiones se usaba contra la diarrea, los catarros de las vías respiratorias y el asma.

PARTICULARIDADES

Se caracteriza por las hojas alargadas del tallo y las inflorescencias en forma de espiga.

> El tomillo común (*Thymus vulgaris*) tiene flores labiadas muy similares, sin embargo alcanza más altura.

Serpol

Thymus pulegioides

CARACTERÍSTICAS: planta de sólo 5 a 20 cm, con hojas opuestas, ovaladas y lisas y cuyos tallos viejos son leñosos y de sección cuadrada en torno a las flores. Entre junio y septiembre aparecen densas inflorescencias alargadas con flores labiadas rosáceas. Los frutos, formados por cuatro pequeños aquenios, son casi inapreciables. Es muy aromática.

HÁBITAT: tanto praderas como terrenos rocosos y arenales con suelos arcillosos poco fértiles.

APLICACIÓN: en las partes verdes, tanto del tomillo común como del serpol, se encuentran sustancias amargas, aceites esenciales, taninos y flavonoides. El serpol se usa raramente como condimento; sobre todo la medicina popular lo utiliza en infusiones contra los trastornos gástricos e intestinales.

PARTICULARIDADES

Los tallos del tomillo silvestre están cubiertos de pelos sólo en los lados, mientras que el tomillo vulgar está completamente recubierto.

› El orégano también se cultiva en el jardín como hierba aromática.

Orégano

Origanum vulgare

CARACTERÍSTICAS: mide entre 20 y 40 cm de altura, rara vez llega hasta 90 cm, posee tallo de sección cuadrangular en el que se sitúan las hojas, opuestas, ovaladas y puntiagudas. Las flores, de color rosado y con brácteas de color púrpura, nacen en inflorescencias terminales de julio a septiembre. Los frutos son inapreciables.

HÁBITAT: matorrales clareados, bosques, bordes de caminos y praderas secas; suelos rocosos.

APLICACIÓN: junto a otras sustancias, las hojas del orégano contienen sobre todo aceites esenciales. En la medicina popular se aplica en infusiones contra trastornos digestivos, tos convulsiva, tos ferina, y también contra dolores de vientre. Como la mejorana, el orégano se usa además como condimento.

PARTICULARIDADES

A simple vista parece que las flores tuvieran cinco pétalos, pero en realidad se trata de flores bilabiadas, con el labio inferior dividido en tres lóbulos y el superior emarginado.

› La digital amarilla (*Digitalis lutea*) es algo más pequeña, pero igual de tóxica que su pariente roja.

Dedalera

Digitalis purpurea

CARACTERÍSTICAS: planta de ciclo vital de al menos dos años, de 50 a 150 cm de altura, con un largo tallo afieltrado y hojas ovaladas con el envés ligeramente texturizado que se disponen de forma alterna en el tallo y en forman de roseta las hojas basales. De junio a agosto aparecen las flores, de hasta 5 cm de largo y cuyo color va del rosa pálido hasta el púrpura; es menos frecuente la flor blanca. El fruto es una cápsula negra que madura dentro de la flor.

HÁBITAT: claros y caminos de bosques; suelos arcillosos.

APLICACIÓN: la dedalera es una planta venenosa, en cuyas hojas encontramos altos contenidos de glucósidos de efecto tónico sobre el corazón. Antiguamente muchos médicos trataban la insuficiencia cardiaca con esta droga. Hoy en día, la industria farmacéutica sólo produce determinados glucósidos aislados de fácil dosificación, mientras que la homeopatía aún la emplea para múltiples usos.

PARTICULARIDADES

Las flores de la dedalera forman largos racimos colgantes que apuntan todos en la misma dirección.

› La también rastrera *Ononis repens* no tiene espinas y su tallo está cubierto de una densa pelusa.

Gatuña

Ononis spinosa

CARACTERÍSTICAS: arbusto de 30 a 60 cm de altura, con tallos leñosos en la base que poseen espinas sobre todo en la parte inferior y en la parte superior 1 ó 2 filamentos vellosos y hojas alternas trifoliadas con bordes aserrados. Flores de color rosado o violáceo con forma de mariposa y estandarte vetado de rojo, que florecen de junio a septiembre en las axilas superiores. El fruto es una vaina abultada de 1 cm.

HÁBITAT: praderas semiáridas, bordes de caminos y pastizales; suelos calcáreos.

APLICACIÓN: en la raíz se encuentran aceites esenciales y glucósidos flavonoides. Estas sustancias son diuréticas, por ello las encontramos en muchas infusiones depurativas para vejiga y riñones. En la medicina popular, la gatuña se considera apropiada contra la gota, el reumatismo y los eccemas.

PARTICULARIDADES

Se caracteriza por sus flores, que parecen mariposas, sus espinas y las hojas trifoliadas.

> El trébol mediano (*Trifolium medium*) tiene las hojas más delgadas y un tallo que crece en zigzag.

Trébol rojo
Trifolium pratense

CARACTERÍSTICAS: planta de 10 a 30 cm de altura, con tallos echados pero erectos en los extremos y hojas alternas de tres foliolos ovales peciolados y envés blanquecino. En la base del tallo presenta dos hojas ovadas. De mayo a septiembre aparecen inflorescencias capituliformes en los extremos de los tallos con corolas de color rosado. El fruto es una legumbre sentada incluida en el cáliz.
HÁBITAT: praderas y bordes de los caminos; suelos fértiles. Es muy frecuente.

PARTICULARIDADES

La flor papilionácea se encuentra fusionada con el cáliz peloso, del que salen largos pelos adpresos.

APLICACIÓN: hoy el trébol rojo se utiliza casi exclusivamente como planta de forraje para los animales. Sin embargo, contiene taninos y otros principios activos que lo convertían antiguamente en una popular planta medicinal. Con las sumidades se preparaban infusiones contra la tos.

Pie de liebre o trébol silvestre

Trifolium arvense

PARTICULARIDADES

Las flores características de este trébol, que nos recuerdan a la flor del sauce, le confieren el peculiar aspecto que le hace inconfundible.

CARACTERÍSTICAS: planta anual o bianual de 5 a 30 cm, con tallos echados o ascendentes, muy vellosos, que a veces se tornan rojizos, y finas hojas alternas, trifoliadas, compuestas y afieltradas por ambos lados. Presenta dos hojas basales unidas entre sí. Las flores aparecen entre junio y septiembre formando cabezuelas alargadas cuyo color pasa del blanco al rosado. El cáliz de las flores papilionáceas tiene largos pelos blancos y el fruto es una vaina.

HÁBITAT: bordes de caminos, praderas, campos poco fértiles y cultivos.

APLICACIÓN: ya desde la Edad Media se utilizan sus principios activos con fines medicinales. Parece que la planta proporciona alivio contra la diarrea, de ahí que la haya utilizado hasta hace poco la medicina popular.

> Las plantas más pequeñas pueden no ser reconocidas a simple vista, pero el olor a ajo no da lugar a dudas.

Hierba del ajo

Alliaria petiolata

CARACTERÍSTICAS: planta anual o bianual de 20 a 100 cm de altura, con hojas triangulares o acorazonadas, de bordes dentados y más pequeñas las superiores que las inferiores. Las flores, completamente blancas, aparecen de abril a junio formando racimos y poseen cuatro pétalos blancos y delgados con cuatro sépalos verdes. El fruto es una vaina delgada de unos 2 a 7 cm de largo.
HÁBITAT: bordes de bosques, setos, huertos y terrenos baldíos. Es frecuente.
APLICACIÓN: la planta del ajo contiene aceites esenciales y glucósidos de aceite de mostaza, los responsables del característico olor a ajo. La medicina popular usaba antiguamente la planta fresca contra los catarros de las vías respiratorias. Las hojas finamente picadas pueden añadirse a una ensalada de hierbas, sustituyendo así el ajo.

PARTICULARIDADES

El signo distintivo más seguro de esta planta es el fuerte olor a ajo que exhalan las hojas al frotarlas.

> El mastuerzo *(Lepidium sativum)*, muy empleado en ensaladas, tiene propiedades inductoras del apetito.

Zurrón de pastor

Capsella bursa-pastoris

CARACTERÍSTICAS: planta anual de 5 a 40 cm de altura, con escasa ramificación y hojas pinnatipartidas como el diente de león, en forma de roseta las basales y sésiles las caulinares. Florece de febrero a noviembre, a veces hasta todo el año, en racimos terminales. Las flores, de sólo 5 mm, poseen cuatro pétalos blancos y cuatro sépalos verdes. El fruto es una silícula angustisepta con forma de corazón.

HÁBITAT: cultivos, huertos, terrenos baldíos y bordes de caminos. Es muy frecuente.

APLICACIÓN: la medicina natural emplea la infusión de zurrón de pastor como remedio contra lesiones hemorrágicas internas y externas. Este efecto ya lo conocían las matronas de la Edad Media, que lo usaban particularmente contra las hemorragias genitales.

PARTICULARIDADES

Los frutos acorazonados, que se desarrollan debajo de la flor, le confieren su aspecto particular.

> Los estambres de las jóvenes flores del mastuerzo amargo (*Cardamine amara*) están teñidos ya de color rojo violáceo.

Berro

Nasturtium officinale

CARACTERÍSTICAS: planta perenne verde, de 15 a 50 cm de altura, con tallos huecos y hojas pinnatisectas y obovales. Las flores, de 1 cm aproximadamente, son blancas y abundantes y aparecen entre abril y julio en densos racimos. Los estambres al principio son de color amarillo y a medida que maduran se tornan violeta. Los frutos son silicuas de 2 cm de largo y sólo 2 mm de grosor.
HÁBITAT: suelos pantanosos en arroyos, zanjas y orillas de ríos.
APLICACIÓN: el berro contiene pequeñas cantidades de glucósidos de aceite de mostaza. La fitoterapia usa esta sustancia como componente de medicamentos para la vesícula; la homeopatía la aplica contra los trastornos gástricos. Gracias a su alto contenido de vitamina C, esta planta se aprecia mucho en curas de ayuno de primavera y como remedio depurativo.

PARTICULARIDADES

Gracias a sus tallos altos y los estambres inicialmente amarillos, esta planta se diferencia fácilmente del mastuerzo amargo.

> Las raíces se muelen finamente y proporcionan el conocido condimento picante.

Rábano picante o rusticano

Armoracia rusticana

CARACTERÍSTICAS: planta de 40 a 120 cm, con tallos huecos y angulosos y hojas basales de hasta 1 m de largo, denticuladas y lanceoladas. Las flores, blancas y de 5 a 9 mm de ancho, aparecen de mayo a junio en un denso racimo. El fruto es una silícula ovalada de 4 a 6 mm de largo.

HÁBITAT: originaria del este de Europa y Asia occidental. Se cultiva en Europa en suelos fértiles.

APLICACIÓN: su raíz es sobre todo conocida como condimento. Contiene diferentes glucósidos de aceite de mostaza, que le confieren su particular sabor, así como sustancias de efecto antibiótico. La medicina popular la utiliza como antidiurético y como estimulante de la digestión. Parece que también actúa contra el reumatismo y las dolencias de las articulaciones.

PARTICULARIDADES

El signo distintivo más seguro de esta planta es su carnosa y gruesa raíz. Tallos acanalados y muy angulosos.

> El amor de hortelano (*Galium aparine*), emparentada con la asperilla olorosa, tiene unos tallos vellosos y espinosos que se adhieren incluso a la ropa.

Asperilla olorosa

Galium odoratum

CARACTERÍSTICAS: planta herbácea de 15 a 30 cm de altura, con tallos esbeltos sin ramificaciones en los que se encuentran hojas sésiles lanceoladas. Entre abril y mayo aparecen en corimbos terminales las flores blancas. Los frutos son secos, pequeños y están recubiertos por pequeños garfios encorvados.

HÁBITAT: bosques mixtos y de hoja caduca; suelos ricos en humus.

APLICACIÓN: las principales sustancias que contiene la asperilla olorosa son las cumarinas, que se producen al secarse la planta y le confieren su particular olor. Mientras que en la Edad Media se recomendaba esta planta por sus propiedades antiespasmódicas y tranquilizantes contra los dolores intestinales y los trastornos del sueño, hoy se desaconseja su aplicación, ya que la cumarina produce dolores de cabeza y puede ser cancerígena. Sin embargo, muchos remedios aún contienen esta sustancia.

PARTICULARIDADES

La asperilla olorosa se distingue por sus flores estrelladas y dispuestas en corimbos, así como por el olor que desprende al secarse.

Pamplina o hierba gallinera

Stellaria media

PARTICULARIDADES

La pamplina se diferencia fácilmente por su crecimiento rastrero y por una fina línea longitudinal en el tallo.

CARACTERÍSTICAS: planta anual, de unos 5 a 40 cm de altura, con tallos delgados y echados y hojas ovaladas terminadas en punta. En condiciones favorables las flores aparecen durante todo el año; son blancas, de 4 a 7 mm de ancho y poseen cinco pétalos muy divididos. El fruto es una pequeña cápsula con seis dientes largos.

HÁBITAT: cultivos, terrenos baldíos y huertos. Es muy frecuente.

APLICACIÓN: la pamplina contiene abundantes minerales y vitamina C. Ya Hildegard von Bingen menciona esta planta destacando su efecto purgante, y el sacerdote Sebastian Kneipp la consideraba una planta silvestre rica en vitaminas y de efecto calmante y expectorante. La medicina popular la usa contra el reumatismo y la artritis, así como en forma de cataplasma para tratar heridas y eccemas. La homeopatía la utiliza contra la psoriasis.

› Si se observa la angélica menor desde arriba, se detecta la estructura de las umbelas compuestas.

Angélica menor o egopodio

Aegopodium podagraria

CARACTERÍSTICAS: planta de 30 a 100 cm de altura, con tallos erectos, angulosos y huecos y hojas alternas que envuelven el tallo en forma de vaina; las hojas inferiores son trifoliadas y las superiores doblemente trifoliadas. En junio y julio aparecen flores blancas y compuestas por unas 20 umbelas agrupadas en un corimbo grande. Los frutos son aovados, de color marrón y 3 mm de largo.

HÁBITAT: bosques mixtos y caducifolios, matorrales y huertos; suelos húmedos. Es muy frecuente.

APLICACIÓN: antiguamente el egopodio era un remedio muy apreciado contra el reuma y la gota. Como en la Edad Media estas enfermedades eran muy frecuentes, se llegó incluso a cultivar en monasterios como planta medicinal. La planta fresca se utilizaba en cataplasmas o baños contra las hemorroides.

PARTICULARIDADES

Los aspectos más llamativos de esta planta son sus corimbos compuestos y las hojas doblemente trifoliadas.

> La cicuta de agua (*Cicuta virosa*) se diferencia por las hojas compuestas con bordes profundamente aserrados.

Alcaravea o comino de prado

Carum carvi

PARTICULARIDADES

Junto a los frutos, de fuerte olor a comino, cabe destacar las dos hojas de peciolo envainado.

CARACTERÍSTICAS: planta bianual de 30 a 70 cm de largo, con tallo de sección angulosa, ramificado desde la base, y hojas en forma de lacinias, a su vez profundamente divididas, con menos de 1 mm de ancho y amplio peciolo envainado en el que están dispuestas dos hojas compuestas. De abril a junio florece en corimbos compuestos por pequeñas umbelas, entre 8 y 15. Los frutos son ovoides y están subdivididos en dos unidades.
HÁBITAT: praderas y pastizales; suelos fértiles. Se suele cultivar como condimento. Es frecuente.
APLICACIÓN: los frutos del comino contienen diferentes aceites esenciales, cuyo principal componente es el aromático aceite de comino. Tiene un efecto estimulante sobre la digestión. Como condimento, de hecho, el comino se añade a las comidas flatulentas. Muchos enjuagues bucales y tratamientos contra convulsiones estomacales también contienen este aceite.

› El apio de raíz bulbosa es una de las plantas de cultivo del apio silvestre.

Apio

Apium graveolens

CARACTERÍSTICAS: planta bianual, de 25 a 80 cm de altura, con raíz bulbosa de la que parten tallos huecos y angulosos y hojas compuestas y lobuladas. De junio a septiembre aparecen las flores blancas, que presentan entre 5 y 10 umbelas reunidas en una grande. Los frutos, de tan sólo 2 mm, son redondos pero aplastados por los lados.
HÁBITAT: litoral del mar del Norte y el mar Báltico; suelos pantanosos y ricos en sales. Rara vez silvestre, se ha cultivado extensamente degenerándose fuera del cultivo.
APLICACIÓN: sobre todo los frutos, pero también otras partes de la planta, contienen diferentes aceites esenciales, entre los que destaca el aromático apiol. El apio tiene un efecto estimulante en los riñones. Antiguamente se elaboraba un jarabe para la tos cociendo la raíz y añadiéndole azúcar.

PARTICULARIDADES

Toda la planta tiene un fuerte olor a apio. Las flores suelen ser blancas, pero también pueden aparecer de color amarillento o verdoso.

> El perejil de perro (*Aethusa cynapium*) es muy parecido, pero siempre posee tres hojas grandes debajo de las umbelas.

Perifollo común

Anthriscus cerefolium

CARACTERÍSTICAS: planta anual de 30 a 60 cm de altura, con tallos redondeados, algo pelosos, y hojas compuestas, terminadas en punta y dentadas. De mayo a junio aparecen las flores de dos en dos umbelas agrupadas en una mayor. Los frutos son de color marrón oscuro y brillantes.

HÁBITAT: originalmente de Asia occidental, muy pronto se extendió su cultivo a Europa. Se asilvestró en suelos arcillosos ricos en nutrientes.

APLICACIÓN: el perifollo común, de efecto diurético y sudorífico, ya casi sólo se utiliza como condimento. Sin embargo, en la Edad Media era apreciado como planta medicinal; se aconsejaba contra los mareos, la inapetencia, las lombrices y la ictericia. Hildegard von Bingen apreciaba el perifollo como remedio contra los dolores de vientre.

PARTICULARIDADES

Toda la planta tiene un fuerte olor a anís. En la base de las pequeñas umbelas encontramos varias brácteas finas.

Imperatoria

Peucedanum ostruthium

CARACTERÍSTICAS: planta de 50 a 120 cm, con tallo hueco acanalado y hojas pecioladas, de hasta 30 cm y doblemente divididas en tres foliolos. Las flores blancas aparecen en julio y agosto agrupadas en inflorescencias de hasta 50 umbelas. Los frutos miden 5 mm y poseen alas estrechas.

HÁBITAT: montañas de mediana altura y en los Alpes por encima de 1.200 m; suelos no demasiado secos. Es poco frecuente.

APLICACIÓN: en la Edad Media esta planta era considerada el remedio para todo tipo de enfermedades: bronquitis, gota, reuma, fiebre, mordeduras y otras. Era, por lo tanto, componente obligatorio de muchos huertos alpinos. Hoy se utilizan sus aceites esenciales y taninos de la raíz en algunos medicamentos y licores amargos por sus efectos estimulantes para la digestión.

PARTICULARIDADES

Son características sus hojas trifoliadas y los peciolos de apariencia abultada.

Acederilla

Oxalis acetosella

PARTICULARIDADES

Al anochecer u oscurecerse el ambiente, las hojas se pliegan hacia abajo y se cierran las florecillas blancas veteadas.

CARACTERÍSTICAS: planta de sólo 5 a 15 cm de altura, sin tallos superficiales y con hojas que nacen directamente del rizoma, de peciolo largo, trifoliadas y con foliolos en forma de corazón. Las flores aparecen de abril a mayo solitarias en pedúnculos largos, con cinco pétalos blancos veteados de rojo y cinco sépalos avalados. El fruto es una cápsula de 1 cm de largo.

HÁBITAT: bosques mixtos y caducifolios. Es muy frecuente.

APLICACIÓN: por su sabor amargo, se añaden las hojas de la acederilla a las ensaladas de hierbas. Sin embargo, este uso no es del todo aconsejable, ya que el ácido oxálico, el que le proporciona este sabor amargo, es venenoso en grandes cantidades. Desde el punto de vista terapéutico sólo la homeopatía utiliza las hojas, y sólo en trastornos metabólicos, problemas digestivos y enfermedades hepáticas y biliares.

Eléboro negro

Helleborus niger

CARACTERÍSTICAS: planta perenne, de 5 a 25 cm de altura, con tallos sin ramificaciones y hojas basales compuestas y con foliolos de bordes dentados; las hojas del tallo son sencillas, con bordes lisos. De diciembre a marzo aparecen, solitarias en el extremo del tallo, las flores, de 5 a 10 cm de ancho, blancas y a veces rosadas. Los frutos son pequeños folículos.

HÁBITAT: hayedos y pinares de los Alpes calcáreos. Es muy poco frecuente; rara vez se encuentra silvestre en jardines. Especie protegida.

APLICACIÓN: contiene en el rizoma un potente glucósido para el corazón y saponinas. Sólo pueden usarse con receta médica. Suelen utilizarse en la elaboración de remedios contra la insuficiencia cardiaca, convulsiones y estados de psicosis. Se usa en algunos tabacos de esnifar y polvos estornutatorios.

PARTICULARIDADES

Esta planta invernal altamente venenosa es inconfundible por sus grandes flores con numerosos estambres.

› En los brotes de nueza llaman la atención zarcillos que se enroscan en forma de tornillos.

Nueza

Bryonia dioica

CARACTERÍSTICAS: planta trepadora de 2 a 3 m, con brotes ásperos y vellosos que se adhieren a las superficies con zarcillos y hojas alternas, afieltradas y con lóbulos anchos triangulares en el borde. Florece de junio a julio y se diferencia según los sexos: la hembra tiene flores blancas y el macho verdosas. El fruto es una pequeña baya.

HÁBITAT: matorrales, cultivos y vallas; suelos ricos en nutrientes.

APLICACIÓN: esta planta contiene diferentes alcaloides y sustancias amargas. Aunque se trata de una planta venenosa, su raíz se usaba como laxante de gran eficacia. Su jugo puede causar irritaciones en la piel. En la medicina sólo se utiliza en homeopatía en casos de reumatismos y gota.

PARTICULARIDADES

En verano la nueza arroja a la vez bayas verdes y rojas en diferentes estados de madurez.

› Los bordes aflecados de los pétalos del trébol de río le confieren su peculiar aspecto.

Trébol de río

Menyanthes trifoliata

CARACTERÍSTICAS: planta de 15 a 30 cm, sin tallo, con un grueso rizoma que se arrastra en el barro y hojas trifoliadas alternas parecidas a las del trébol. De mayo a julio aparecen flores pentámeras, de casi 2 cm de ancho y con pétalos blancos. El fruto es una pequeña cápsula.

HÁBITAT: pantanos y marjales. Es una especie protegida.

APLICACIÓN: Antiguamente, las hojas se usaban como remedio contra la fiebre. Sin embargo no ha podido encontrarse hasta la fecha ninguna justificación médica. Las hojas contienen diferentes taninos y sustancias amargas que aún hoy se usan en algunos medicamentos contra la inapetencia, los trastornos digestivos y las enfermedades biliares. La homeopatía la recomienda contra la gripe y los dolores de cabeza.

PARTICULARIDADES

Aparte del trébol del río, no existe ninguna otra especie pantanosa de flores blancas con pétalos de bordes aflecados.

> La gayuba es inconfundible por sus frutos de un intenso color rojo brillante.

Gayuba

Arctostaphylos uva-ursi

PARTICULARIDADES

En el envés de las hojas la gayuba presenta una especie de red de arterias que las recorren. Las flores blancas acampanadas terminan en cinco picos.

CARACTERÍSTICAS: arbusto perenne de 30 a 100 cm de altura, que cubre el suelo como un manto con sus tallos rastreros y posee hojas ovaladas, de bordes lisos, brillantes y tan densamente agrupadas que asemejan un verticilo. Entre marzo y julio aparecen las flores en racimos terminales de los tallos, con pétalos blancos y acampanados. El fruto es una baya roja.

HÁBITAT: sobre todo en pinares; suelos llanos ricos en nutrientes.

APLICACIÓN: la gayuba es una planta medicinal reconocida por la medicina clásica. En las hojas contiene principios activos que intervienen contra las infecciones de las vías urinarias y de vejiga. Pero la infusión de gayuba debe ser recetada por un médico, ya que puede ser perjudicial si se toma en grandes cantidades o se ingiere durante periodos prolongados.

Fresa silvestre

Fragaria vesca

CARACTERÍSTICAS: planta de 5 a 20 cm, con numerosos ramales en la superficie y hojas trifoliadas, de foliolos dentados y gran pilosidad plateada en el envés. De abril a septiembre aparecen las flores blancas. Los frutos (fresas), de agradable sabor aromático, son en realidad la agrupación de muchos aquenios que hay sobre ella.
HÁBITAT: lugares húmedos en bosques y matorrales. Es frecuente.

APLICACIÓN: los frutos de las fresas contienen azúcar y vitamina C. Se recolectan y se aprecian desde tiempos inmemoriales. Sin embargo, son las hojas las que interesan desde el punto de vista medicinal, ya que contienen taninos, flavonoides y aceites esenciales. Por ello se utilizan en infusión contra la diarrea, los trastornos hepáticos y como té depurativo.

PARTICULARIDADES

Los cinco pétalos blancos de las flores están dispuestos en dos círculos de sépalos verdes. A medida que crece y madura el eterio, éstos se destacan.

Reina de los prados

Filipendula ulmaria

CARACTERÍSTICAS: planta vivaz que puede alcanzar 2 m de altura, con hojas alternas, imparipinnadas y foliolos terminales alargados con bordes marcadamente dentados. De junio a agosto aparecen flores dispuestas en ramilletes, de olor dulce almendrado, con corola de cinco pétalos entre blancos y amarillentos. Los frutos son diminutos, aquenios y retorcidos.

HÁBITAT: orillas de ríos y lagos, con frecuencia dispuesta en grandes agrupaciones, y bosques húmedos. Es frecuente.

APLICACIÓN: sus flores contienen aceites esenciales, flavonoides y taninos. En los países escandinavos se condimentaba la carne picada con esta especia. La medicina popular usa la infusión realizada con las flores o las hojas de esta planta sudorífera contra resfriados o reumatismos.

PARTICULARIDADES

Las hojas están compuestas por pares de foliolos dentados, entre 2 y 5, con otros más pequeños entre ellos y dispuestos en la nervadura central.

› Las bayas rojas del espino común tienen un pequeño hueso en su interior.

Espino albar

Crataegus monogyna

CARACTERÍSTICAS: arbusto o arbolillo de 3 a 5 m, con ramas con espinas de 1cm de largo y hojas densas, intrincadas y lampiñas en el envés. Las flores aparecen en mayo y junio en cimas corimbosas. Los frutos son rojizos, ovoideos o redondos y de 1 cm de diámetro. **HÁBITAT:** bordes de los bosques y matorrales. También lo encontramos como seto ornamental.

APLICACIÓN: los frutos y las flores del espino común contienen flavonoides y otros principios activos. En la medicina popular se utilizan sobre todo los frutos, con los que se hace una especie de puré para combatir la diarrea. Desde el punto de vista farmacéutico se usan sus principios activos contra la incipiente insuficiencia cardiaca, ya que tiene efectos probados dilatadores de los vasos coronarios.

PARTICULARIDADES

Las flores poseen un solo estilo, a diferencia del espino blanco o espino ardiente (*Crataegus laevigata*), que tiene las mismas propiedades.

> Los frutos frescos del endrino, las endrinas son incomestibles. Su sabor se suaviza con el efecto de las heladas.

Endrino

Prunus spinosa

CARACTERÍSTICAS: arbusto de 1 a 3 m de altura o arbolillo de corteza marrón oscura, si bien menos frecuente, con ramas con largas espinas y hojas de implantación alterna, ovales y pecioladas. Florece en marzo o abril, antes incluso de que broten las hojas, y sus flores son blancas y pentámeras. El fruto (endrina) es una drupa azulada. **HÁBITAT:** bordes de bosques y caminos, praderas secas y matorrales. **APLICACIÓN:** los frutos contienen taninos, ácidos y vitamina C. Con ellos se suelen hacer bebidas alcohólicas. El zumo se utiliza en enjuagues bucales para combatir las infecciones de encías y garganta. Sin embargo, son más bien las flores las que tienen propiedades medicinales. Se las considera un suave laxante y la homeopatía las receta contra la insuficiencia cardiaca o problemas nerviosos.

PARTICULARIDADES

Tanto las hojas como las flores están muy adheridas a las ramas. Las largas espinas son su característica más distintiva.

> En otoño el saúco es inconfundible por los frutos que cuelgan de las ramas en forma de racimos.

Saúco

Sambucus nigra

CARACTERÍSTICAS: arbusto o arbolillo de 3 a 7 m de altura, con corteza clara con rugosidades corchosas de color marrón oscuro y hojas opuestas imparipinnadas con cinco foliolos generalmente. En mayo o junio aparecen flores olorosas de color marfil y de sólo 7 mm de diámetro agrupadas en corimbos terminales. Los frutos son drupas negras dispuestas en racimos colgantes.
HÁBITAT: bordes y claros de bosques y matorrales.
APLICACIÓN: las flores del saúco contienen, entre otras sustancias, aceites esenciales, flavonoides y taninos. La infusión de flores secas es un excelente remedio contra las infecciones de las vías respiratorias por su acción sudorífica; también tiene efectos diuréticos. Los frutos crudos, de alto contenido vitamínico, son laxantes y pueden provocar vómitos. En zumo (hervidos) o en compota se utilizan como las flores.

PARTICULARIDADES

En cualquier época del año, una característica inconfundible es la médula blanca y blanda de sus ramas.

> Avanzada la primavera, en el serbal de cazadores aparecen hermosas umbelas blancas.

Serbal de cazadores

Sorbus aucuparia

CARACTERÍSTICAS: arbusto o árbol de 3 a 15 m de altura, con hojas alternas imparipinnadas y de entre 9 y 19 foliolos. En mayo o junio aparecen en corimbos terminales flores de 1 cm de diámetro y blancas. Los frutos son redondos, rojos y con varios huesos.
HÁBITAT: desmontes, bosques caducifolios claros, bordes de bosques y matorrales. Es frecuente. También se encuentra en jardines como arbusto ornamental.
APLICACIÓN: los frutos del serbal de cazadores contienen numerosos ácidos, taninos y abundante vitamina C. En las semillas se encuentran pequeñas cantidades de ácido cianhídrico, por lo que se desaconseja la ingesta en grandes cantidades. Antiguamente se utilizaban los frutos como remedio contra el escorbuto. La fitoterapia y la medicina natural siguen utilizándolos como suave laxante.

PARTICULARIDADES

Junto a la corteza gris y lisa, casi brillante, los característicos frutos y flores son signos inconfundibles del serbal.

> La graciola (*Gratiola officinalis*) tiene flores muy parecidas, pero sus hojas son más lisas y alargadas.

Eufrasia o rompeanteojos

Euphrasia rostkoviana, Euphrasia officinalis

CARACTERÍSTICAS: planta anual de 5 a 25 cm, con tallo erecto que comienza a ramificarse desde la base y hojas opuestas, ovaladas, casi redondas y dentadas en los bordes. Las flores aparecen entre mayo y octubre en las axilas de las hojas superiores, y poseen cáliz con cuatro lacinias y corola blanca bilabiada con el labio superior ligeramente violeta y el inferior subdividido en tres lóbulos superpuestos. El fruto es una vaina vellosa de pocos milímetros de largo.

HÁBITAT: orillas de caminos, caminos y praderas de montaña; suelos poco fértiles.

APLICACIÓN: antiguamente la infusión elaborada con hojas de eufrasia era considerada efectiva en los tratamientos oculares. La fitoterapia actual cuestiona este efecto. No obstante, la homeopatía la usa para curar infecciones oculares y otro tipo de dolencias.

PARTICULARIDADES

Destacan sus florecillas violáceas y blancas con las hojas dentadas.

Milenrama
Achillea millefolium

CARACTERÍSTICAS: planta de 40 a 70 cm por lo general, con tallos sin ramificación en la base y pubescentes en la parte superior y hojas alternas muy aromáticas. De junio a octubre aparecen flores blancas o rosadas, en capítulos de 4 a 10 mm de diámetro que se agrupan en corimbos. Los frutos son diminutos.

HÁBITAT: prados de siega, praderas y orillas de caminos. Es frecuente.

APLICACIÓN: las partes aéreas de la planta contienen aceites esenciales, sustancias amargas, taninos y flavonoides. La infusión elaborada con esta planta estimula la digestión, además de ser antiespasmódica y antiinflamatoria. Se aprecia su uso externo en afecciones cutáneas y heridas; la homeopatía la emplea en heridas de todo tipo. El jugo de esta planta puede irritar la piel de personas sensibles.

PARTICULARIDADES

Es inconfundible gracias a sus hojas paripinnadas y las florecillas agrupadas en corimbos.

› La margarita mayor (*Leucanthemum vulgare*) es más alta y tiene la cabezuela discoide más ancha.

Margarita común

Bellis perennis

CARACTERÍSTICAS: pequeña planta de 5 a 15 cm cuyas hojas alargadas parten de una roseta basal y cuyos tallos poseen flores pubescentes. De febrero a diciembre aparecen flores discoidales, con pétalos blancos y receptáculo amarillo. Los frutos son secos y diminutos.

HÁBITAT: herbazales frescos, pastizales, prados y orillas de caminos; suelos arcillosos ricos en nutrientes. Es muy frecuente.

APLICACIÓN: en las flores encontramos saponinas, taninos, mucílagos, sustancias amargas y aceites esenciales. La medicina popular las usa contra los catarros y afecciones cutáneas y hepáticas; la homeopatía, contra distorsiones, contusiones y eczemas. Las hojas tiernas pueden añadirse a las ensaladas de hierbas.

PARTICULARIDADES

Es inconfundible por su pequeño tamaño y sus conocidísimas y extendidas flores.

› La manzanilla inodora (*Tripleurospermum perforatum*) tiene un receptáculo henchido.

Manzanilla

Chamomilla recutita, Matricaria recutita

CARACTERÍSTICAS: planta herbácea anual de hasta 60 cm de altura, con tallo muy ramificado y hojas alternas, paripinnadas y de foliolos de menos de 1 mm de ancho. Las flores, de forma cónica y hueca y con pétalos blancos y receptáculo amarillo dorado, aparecen entre mayo y septiembre en cabezuelas en los extremos de los tallos. Los frutos son secos y de 1,5 mm de largo.

HÁBITAT: cultivos abandonados, orillas de caminos; suelos cultivados y suelos arcillosos ricos en nutrientes. Es frecuente en muchos lugares.

APLICACIÓN: La infusión de manzanilla resulta útil contra los espasmos y como remedio antiinflamatorio. Ayuda contra las dolencias del estómago y los intestinos, las afecciones oculares y, usada tópicamente, se emplea contra enfermedades cutáneas y heridas infectadas.

PARTICULARIDADES

Todas las partes de la manzanilla son aromáticas. Pero el distintivo más seguro es el receptáculo ahuecado.

› En el interior de la flor de la ortiga blanca observamos cuatro estambres.

Ortiga blanca

Lamium album

CARACTERÍSTICAS: planta herbácea de 20 a 50 cm de altura, con tallo cuadrangular erecto, sin ramificaciones, y hojas opuestas, pecioladas y serradas. De abril a octubre presenta flores labiadas en densos verticilos en las axilas de las hojas y cuyo cáliz posee cinco dientes largos. El fruto está dividido en cuatro núculas.
HÁBITAT: orillas de caminos, suelos baldíos, matorrales y bordes de bosques; suelos arcillosos, ricos en nutrientes y no demasiado secos. Es muy frecuente.

APLICACIÓN: la ortiga blanca, cuyas flores y hojas se utilizan en medicina, contiene taninos, saponinas y mucílagos. Se usa sobre todo para curar catarros de las vías respiratorias, aunque también para aliviar trastornos estomacales e intestinales, así como de las vías urinarias. La homeopatía utiliza la ortiga para curar el insomnio.

PARTICULARIDADES

Las hojas características de la ortiga, que no son irritantes, así como sus flores labiadas de unos 2 cm, son sus signos distintivos.

> Las inflorescencias de la melisa están compuestas por varios verticilos de flores labiadas.

Melisa o citronela

Melissa officinalis

CARACTERÍSTICAS: planta de 30 a 90 cm de altura, con tallos de sección cuadrangular, separados entre sí y ligeramente pilosos y hojas opuestas, pecioladas, ovaladas y de margen dentado. Entre junio y agosto aparecen flores blancas, a veces azul claro o lila, en verticilos en las axilas de las hojas superiores. El fruto es una pequeña nuez tetraseminada. HÁBITAT: es originalmente de la cuenca mediterránea; con frecuencia la encontramos en huertos de hierbas. También se ha asilvestrado. APLICACIÓN: en las hojas de la melisa encontramos sobre todo aceites esenciales, pero también taninos y flavonoides. Tiene un efecto calmante, antiespasmódico y, además, propiedades antibacterianas y antiinflamatorias. Por ello se aplica para aliviar los trastornos estomacales e intestinales, las afecciones biliares y el insomnio.

PARTICULARIDADES

En principio la encontramos casi exclusivamente en cultivos y es perfectamente reconocible por el olor a limón de sus hojas.

> Las flores de la menta del lobo se encuentran en las axilas de las hojas superiores.

Menta de lobo

Lycopus europaeus

CARACTERÍSTICAS: planta de 20 a 80 cm de altura, con tallo erecto de sección cuadrangular y hojas opuestas: hendidas las basales y más delgadas y ovaladas las superiores, todas dentadas en el borde. Aparecen inflorescencias entre julio y agosto en las axilas de las hojas superiores, con flores labiadas con puntitos rojos y cáliz de cinco lacinias pilosas. Los frutos se subdividen en cuatro cabezuelas aplanadas.

HÁBITAT: orillas de ríos, cunetas, praderas pantanosas y bordes de bosques húmedos; siempre en suelos húmedos.

APLICACIÓN: en las partes verdes de la planta se encuentran algunos ácidos, taninos y aceites esenciales. Está comprobado que esta droga actúa en la función del tiroides. Se recomienda en diferentes medicamentos contra el hipertiroidismo y las afecciones como la taquicardia.

PARTICULARIDADES

Las hojas dentadas y las inflorescencias esféricas son signos inconfundibles del licopo o menta de lobo.

> En las semillas de color marrón del castaño se encuentran las sustancias medicinales.

Castaño de Indias

Aesculus hippocastanum

CARACTERÍSTICAS: árbol de 10 a 30 m de altura, con copa ancha y redonda, tronco recto de corteza agrietada y hojas grandes, que simulan la forma de la mano, y poseen foliolos de hasta 20 cm de largo y bordes ligeramente dentados. Entre abril y junio se forman racimos terminales erguidos de flores que tienen corola de cinco pétalos blancos desiguales que se tornan rojizos con el tiempo. Los frutos (castañas locas) con semillas de color marrón, grandes y brillantes, envueltos en una cápsula verde espinosa.

HÁBITAT: proviene de los Balcanes; en Europa se plantó al borde de carreteras y en parques.

APLICACIÓN: las castañas contienen saponinas y flavonoides con los que se elaboran medicamentos para el tratamiento de varices y hemorroides. En sales para baños o pomadas estimulan el riego sanguíneo.

PARTICULARIDADES

La forma de las hojas, que asemejan una mano, no la encontramos en ningún otro árbol en Europa.

Convalaria o lirio de los valles

Convallaria majalis

CARACTERÍSTICAS: planta de 10 a 30 cm de altura con rizoma delgado del que brotan dos, o a veces tres, hojas basales pecioladas y de forma oval con nervadura paralela. De mayo a junio aparecen flores blancas, muy aromáticas, reunidas en un racimo terminal con florecillas blancas acampanadas, de 3 a 10, dispuestas en un tallo sin hojas. Los frutos son bayas rojas brillantes.
HÁBITAT: bosques caducifolios; en los Alpes hasta el límite de los bosques caducifolios. Es frecuente.
APLICACIÓN: el lirio de los valles contiene saponinas y diferentes glucósidos que actúan sobre el corazón y que la distinguen como planta venenosa. Sus hojas se usaban como medicamento para combatir la insuficiencia cardiaca y la retención de líquidos producidas por problemas de presión sanguínea. La homeopatía la utiliza de forma similar.

PARTICULARIDADES

Llaman la atención sus flores, de hasta 1,4 cm de diámetro y que brotan entre dos hojas.

> El ajo de oso se distingue por sus cebollines alargados.

Ajo de oso

Allium ursinum

CARACTERÍSTICAS: planta de 10 a 50 cm de altura, bulbosa, con un cebollín muy delgado de unos 3 cm y del que brotan por lo general sólo dos hojas alargadas con nervadura paralela. Entre abril y junio aparecen flores en forma de estrella, reunidas en umbelas planas. El fruto es una cápsula con tres válvulas.

HÁBITAT: bosques mixtos o caducifolios y en bosques inundados periodicamente.

APLICACIÓN: las hojas y el ajo contienen un aceite, muy parecido al del ajo común, que es el que produce el fuerte olor a ajo de esta planta. El ajo de oso fresco, añadido a ensaladas como condimento, estimula la digestión, previene la arterioesclerosis y la hipertensión y se usa también para curar enfermedades cutáneas.

PARTICULARIDADES

Las hojas podrían confundirse con las del lirio de los valles, sin embargo las del ajo de oso exhalan un fuerte olor a ajo al frotarse.

> En las inflorescencias observamos pequeños tubérculos.

Ajo

Allium sativum

CARACTERÍSTICAS: planta de hasta 80 cm de altura y de raíz bulbosa. El bulbo está compuesto por varios bulbillos (dientes). Las hojas son macizas, largas, delgadas y de ápice agudo; las flores aparecen de junio a agosto en inflorescencias redondas protegidas durante mucho tiempo por una espata; y los frutos son cápsulas inapreciables.
HÁBITAT: procede probablemente de Asia central y ha sido adaptado a nuestros cultivos. En ocasiones se ha asilvestrado.

APLICACIÓN: la principal sustancia que contiene el ajo es la alicina. En el organismo, ésta se transforma en una sustancia desinfectante y estimula la digestión, emanando un fuerte aroma. Previene la hipertensión y la arterioesclerosis. En los países meridionales el ajo se utiliza para combatir las lombrices y otras enfermedades vermiculares.

PARTICULARIDADES

La larga hoja que envuelve la flor del ajo como si de una vaina se tratara no se encuentra en ninguna otra liliácea.

› De la misma familia es el ajo ornamental (*Allium victorialis*), que crece en la montaña.

Cebolla

Allium cepa

CARACTERÍSTICAS: planta de hasta 1,5 m de altura, cuyo tallo, hueco y abultado en la parte inferior, se origina en la cebolla y sólo posee hojas en la base. Las hojas son delgadas, también huecas, y las flores aparecen de junio a agosto en umbelas de numerosas flores blancas o rosáceas, redondas y de 6 a 15 cm de diámetro en el extremo del tallo. Los frutos se presentan en forma de cápsulas inapreciables.

HÁBITAT: probablemente proceda de Asia occidental; en Europa se cultiva desde la Edad Media.

APLICACIÓN: aunque existen algunos medicamentos farmacéuticos, la cebolla, aparte de ser un reconocido condimento en la cocina, se usa contra la tos, el catarro, como sustancia curativa y para estimular el apetito y la digestión. Con su jugo recién hecho se curan las picaduras de mosquitos.

PARTICULARIDADES

Son inconfundibles los tallos en forma de tubos huecos, así como sus inflorescencias redondas.

> La verónica austriaca (*Veronica teucrium*) posee inflorescencias mucho más altas.

Becabunga
Veronica beccabunga

CARACTERÍSTICAS: planta de 10 a 50 cm de altura, con tallos azulados, generalmente postrados o ascendentes, y hojas opuestas, ovaladas, carnosas, con bordes redondeados y ligeramente dentados o lisos. Entre mayo y septiembre aparecen las flores, escasas, en racimos de cuatro pétalos de color azul o violáceo con vetas más oscuras. El fruto es una cápsula inapreciable y angulosa.
HÁBITAT: cunetas, orillas y praderas húmedas. Es frecuente.
APLICACIÓN: la *Veronica beccabunga* contiene en sus partes aéreas taninos y un glucósido ligeramente tóxico. La fitoterapia moderna ya no la utiliza; antiguamente se elaboraba con ella una infusión depurativa y diurética. En pequeñas cantidades, la becabunga también sirve como condimento para ensaladas de hierbas silvestres.

PARTICULARIDADES

Las flores de la becabunga aparecen, a diferencia de los de la verónica, en las axilas de las hojas.

> La *Veronica montana* tiene las hojas más redondeadas y se encuentra en zonas montañosas hasta el límite del bosque caducifolio.

Verónica

Veronica officinalis

CARACTERÍSTICAS: planta de 10 a 20 cm de altura, con tallos postrados, ramificados y ásperos y hojas opuestas, ovaladas y también pilosas. Las flores, que aparecen de mayo a julio en racimos dispersos en los extremos de los tallos, poseen cáliz con cuatro licinias y pétalos desiguales de color azul claro. El fruto de la cápsula es velloso y posee forma acorazonada.
HÁBITAT: bosques, praderas poco fértiles, pastizales y herbazales; suelos ácidos, pedregosos y secos.
APLICACIÓN: en sus partes aéreas, la verónica contiene glucósidos ligeramente tóxicos, sustancias amargas, taninos y flavonoides. Algunos productos farmacéuticos contra la tos, los catarros estomacales e intestinales, las afecciones urinarias, reumatismos y enfermedades cutáneas contienen esta droga. La homeopatía también la utiliza.

PARTICULARIDADES

De los cuatro pétalos de color azul claro de esta flor, el superior es algo más grande y el inferior más delgado que los laterales.

> En una misma inflorescencia, en la pulmonaria pueden aparecer flores rojizas y de color púrpura.

Pulmonaria

Pulmonaria officinalis

CARACTERÍSTICAS: planta de 10 a 20 cm de altura, con tallo erecto cubierto de pelusilla, hojas basales en una roseta y cordadas, hojas de los tallos alargadas y ovaladas, que abrazan el tallo con dos lacinias, y limbo con manchas claras. Las flores, que aparecen entre marzo y mayo, son tubulares, con cinco lacinias, al principio rojizas y con el tiempo se tornan azul violeta. El fruto es un tetraquenio que se abre y suelta las semillas.

HÁBITAT: bosques mixtos y caducifolios y praderas; suelos húmedos.

APLICACIÓN: en sus partes aéreas, la planta contiene, entre otras sustancias, mucílagos. Éstos alivian las irritaciones que produce la tos, sin embargo es dudoso que tenga efecto contra la tuberculosis pulmonar. La medicina popular utiliza la pulmonaria también contra la diarrea y para curar heridas.

PARTICULARIDADES

Las manchas blanquecinas en las hojas vellosas y el cambio de color de las flores son los aspectos más característicos de esta planta.

› La consuelda aparece también en dos variedades: una con flores amarillas y otra con flores blanquecinas.

Consuelda

Symphytum officinale

Características: planta de 30 a 80 cm de altura, a veces hasta de 1,50 m, con tallos de vellosidad áspera, hojas alternas de hasta 25 cm de largo, si bien las superiores mucho más pequeñas, lanceoladas, más delgadas en los extremos y colgantes como si fueran alas. Las flores están reunidas en cimas terminales y son por lo general de color púrpura. Los frutos son cápsulas brillantes de color negro.

Hábitat: orillas, cunetas, pantanos, bosques y bordes de caminos.

Aplicación: la consuelda contiene en sus raíces mucílagos, taninos y alcaloides tóxicos. Por su toxicidad se recomienda exclusivamente un uso tópico. En pomadas o cataplasmas es antiinflamatoria y estimula la regeneración de los tejidos en heridas y fracturas de huesos. Esta propiedad ya se conocía en la Edad Media.

Particularidades

Uno de los signos distintivos de la consuelda son sus largas hojas, que cuelgan de los vellosos tallos.

> La lengua de buey (*Anchusa officinalis*) tiene hojas delgadas y cubiertas de vello.

Borraja
Borago officinalis

CARACTERÍSTICAS: planta herbácea anual de 20 a 50 cm de altura, muy frondosa y vellosa, con hojas alternas, alargadas, rugosas y de bordes ondulados. Las flores, de hasta 2,5 cm de diámetro y con una especie de anillo blanco en el centro del que sobresalen el pistilo y los estambres, aparecen de junio a agosto formando ramilletes de un intenso color azul. Los frutos están formados por cuatro nuececillas.
HÁBITAT: se cultiva en huertos como hierba para la gastronomía; también se ha asilvestrado.
APLICACIÓN: la borraja es ideal para hacer pepinillos en salmuera. Sin embargo, en grandes cantidades esta hierba es venenosa, ya que contiene, entre otras sustancias, algunos alcaloides. La medicina popular consideraba la borraja como un remedio depurativo y se le conferían además efectos afrodisíacos. La homeopatía la utiliza contra la depresión.

PARTICULARIDADES

Las flores de la borraja son inconfundibles por su forma de estrella y el anillo en el centro.

> El aciano (*Centaurea cyanus*) sólo se confunde a simple vista con la achicoria.

Achicoria

Cichorium intybus

PARTICULARIDADES

Se caracteriza por sus inflorescencias azules liguladas y el jugo lechoso que desprende si se le hace una incisión.

CARACTERÍSTICAS: planta de 20 a 100 cm de altura, a veces hasta de 1,50 m, con tallo muy ramificado, hojas basales dispuestas en una roseta, de bordes profundamente dentados, y hojas del tallo alternas y sin peciolo, si bien las superiores son delgadas y de bordes lisos. De julio a septiembre aparecen inflorescencias liguladas de color azul pálido de 3 a 4 cm de diámetro. Posee frutos secos de sólo 3 mm de largo y con tenues pelillos.

HÁBITAT: bordes de caminos, pastizales y cultivos abandonados. Es frecuente.

APLICACIÓN: la achicoria contiene en las hierbas y en la raíz un jugo lechoso con diferentes principios amargos. Sus extractos están contenidos en distintos remedios y se aprecia tanto en la medicina clásica como en la popular por ser un excelente estimulante de la digestión. Con la raíz tostada se elabora un sucedáneo del café.

Lino

Linum usitatissimum

CARACTERÍSTICAS: planta anual de hasta 1 m de altura, con tallos huecos que presentan ramificaciones sólo en torno a las flores y hojas alternas de hasta 4 cm de largo, pero sólo de 3 a 4 mm de ancho y de bordes lisos. Las flores, de 2 a 3 cm de diámetro y de color azul claro, aparecen de junio a agosto en racimos muy sueltos. El fruto es una cápsula redonda erguida, terminada en punta, en la que maduran las semillas.

HÁBITAT: es casi exclusivamente planta de cultivo; rara vez se asilvestra.

APLICACIÓN: el lino se cultiva para la producción de fibra de lino. En sus semillas encontramos hasta un 40% de aceite de linaza, mucílagos y proteínas. Las semillas de la linaza se esponjan en el intestino, constituyendo un excelente laxante. Antiguamente se colocaban compresas de linaza para tratar úlceras y glándulas inflamadas.

PARTICULARIDADES

Las flores de color azul claro de esta planta tienen cinco pétalos ovalados con un borde vetado más oscuro y cinco sépalos lanceolados.

La *Nigella arvensis* tiene flores de color azul verdoso.

Ajenuz

Nigella sativa

Características: planta anual de 20 a 40 cm de altura, con hojas alternas, tripinnadas y subdivididas en segmentos muy estrechos. Las flores aparecen de junio a septiembre presentando una sola flor, de color azul pálido, en los extremos de los tallos. El fruto es una cápsula.
Hábitat: bosques caducifolios de los Alpes meridionales. En nuestras latitudes se cultiva como planta para condimento y en pocas ocasiones se encuentra en estado silvestre.
Aplicación: los frutos del ajenuz tienen un fuerte sabor y se usaban en tiempos remotos como sustituto de la pimienta y condimento para la elaboración del pan. Contienen un alcaloide que es venenoso en grandes cantidades. Las semillas del ajenuz son antiespasmódicas, diuréticas y actúan como estimulantes de la actividad biliar. La medicina popular lo usa sobre todo contra flatulencias y para estimular la producción de leche materna.

Particularidades

Son características las florecillas de color azul pálido, así como las hojas que se subdividen profusamente.

> El labio superior del hisopo es muy corto y aplanado.

Hisopo
Hyssopus officinalis

Características: mata o subarbusto de unos 30 a 60 cm de altura, con tallos leñosos en el tercio inferior y vellosos en el extremo distal y hojas opuestas, de bordes lisos y lanceoladas. Las flores aparecen de julio a septiembre en las axilas de las hojas superiores, con cáliz con cinco lacinias y corola bilabiada de color púrpura. Los frutos están subdivididos en cuatro nuececillas.
Hábitat: región mediterránea. Se cultiva como planta medicinal y especia al norte de los Alpes.

Particularidades

El hisopo se diferencia de otras flores labiadas similares por su cáliz regular y las altas inflorescencias en espigas.

Aplicación: el hisopo contiene en sus partes aéreas taninos, flavonoides y aceites esenciales. Hoy se usa casi exclusivamente como condimento, aunque antiguamente también se utilizaba en enjuagues contra las infecciones de boca y encías, la sudoración excesiva, las flatulencias y como remedio contra la tos.

> La salvia de los prados (*Salvia pratensis*) tiene un olor muy similar y crece en prados secos y matorrales.

Salvia
Salvia officinalis

CARACTERÍSTICAS: subarbusto de 20 a 70 cm de altura, ligeramente leñoso en la parte inferior, con tallos entre redondeados y de sección cuadrangular, muy vellosos en la parte superior, y hojas pecioladas, oblongas, rugosas y de color verde grisáceo. Las flores aparecen de mayo a julio en verticilos en las axilas de las hojas superiores, con cáliz dentado y corola labiada y de hasta 2,5 cm de diámetro. Los frutos están subdivididos en cuatro nuececillas.

HÁBITAT: región mediterránea; se cultiva como planta aromática en latitudes septentrionales. Apenas se encuentra en estado silvestre.

APLICACIÓN: las hojas de la salvia contienen aceites esenciales, sustancias amargas y taninos. El té que se elabora con las hojas ayuda a cicatrizar pequeñas heridas así como a curar infecciones en la región bucal, ya que sus principios activos frenan la reproducción de bacterias. Por ello muchos dentífricos contienen salvia. También se le conocen propiedades antisudoríficas.

PARTICULARIDADES

Sus hojas suaves y arrugadas, cubiertas de vello en el envés, así como su olor característico, la hacen inconfundible.

> Las flores labiadas tienen un pequeño labio superior y otro inferior tripartito. Su cáliz suele estar teñido de rojo.

Espliego o lavanda

Lavandula angustifolia

CARACTERÍSTICAS: subarbusto de 20 a 60 cm de altura, leñoso en su parte inferior, con hojas opuestas, de 4 cm de largo y sólo 5 mm de ancho, borde liso, ensorrado y afieltrado en su parte inferior. Las flores azules aparecen de julio a agosto en verticilos. Los frutos están subdivididos en cuatro nuececillas,

HÁBITAT: suelos secos, calcáreos como praderas secas o muros. Se cultiva mucho en huertos de plantas aromáticas.

APLICACIÓN: de las flores de la lavanda cultivada se extraen aceites esenciales que se emplean posteriormente para fines cosméticos, pero también medicinales. La droga que se elabora con las flores es un suave calmante cuando se padece migraña o agotamiento físico. La medicina popular conoce otras propiedades: la lavanda es antiespasmódica, estimula la digestión y alivia dolores reumáticos.

PARTICULARIDADES

Llaman la atención las flores agrupadas en espigas terminales de los largos tallos y el aroma de sus hojas y sus flores.

> El romero es una planta muy común en huertos y jardines por su temprana floración.

Romero

Rosmarinus officinalis

CARACTERÍSTICAS: arbusto perenne de 50 a 150 cm de altura, con múltiples ramificaciones cubiertas de un suave vello y hojas opuestas, muy delgadas, de borde liso y vellosas en el envés. Las flores, que aparecen entre marzo y junio en las axilas de las hojas medianas y superiores, son labiadas, de color púrpura pálido, con labio superior erecto y labio inferior tripartito. Los frutos están subdivididos en cuatro nuececillas.

HÁBITAT: suelos arenosos de la región mediterránea, aunque también es una planta aromática y ornamental.

APLICACIÓN: las hojas del romero cultivado contienen aceites esenciales y sustancias amargas y se usan principalmente como condimento. Al ser el aceite de romero irritante, también se usa para hacer friegas contra las afecciones reumáticas y contra trastornos del riego sanguíneo. También se usa en los enjuagues bucales.

PARTICULARIDADES

Las hojas, con el borde enrollado hacia dentro, exhalan al frotarlas el típico aroma de romero.

› Las inflorescencias de la hierbabuena o menta verde (*Mentha spicata*) son más pequeñas y más sueltas.

Menta

Mentha piperita

CARACTERÍSTICAS: planta de 30 a 90 cm de altura, con tallos de sección cuadrangular, levemente vellosos y con frecuencia de coloración rojiza y hojas opuestas, delgadas, ovaladas y con borde dentado. De junio a agosto aparecen inflorescencias en forma de espiga con flores labiadas de color rosado o púrpura. Los frutos están subdivididos en cuatro nuececillas. **HÁBITAT:** se trata de un híbrido de la hierbabuena que se cultiva artificialmente, por eso sólo lo encontramos en jardines y prados, y a veces también en estado silvestre.

PARTICULARIDADES

Toda la planta exhala, sobre todo si se frotan las hojas entre los dedos, un fuerte olor a menta.

APLICACIÓN: las hojas de la menta contienen abundantes aceites esenciales, en particular el mentol, que tiene un agradable aroma y efectos desinfectantes. El té de menta es antiespasmódico y estimula el apetito. Por su efecto calmante y frío, el aceite esencial rebaja la sensación de dolor en la piel y en las mucosas y alivia el dolor de cabeza.

Las flores del poleo (*Mentha pulegium*) también aparecen dispuestas en varios «pisos». Su cáliz es bilabiado.

Menta de agua

Mentha aquatica

CARACTERÍSTICAS: planta de 30 a 100 cm, con tallos de sección cuadrangular, pilosos en los lados, y hojas opuestas, ovaladas, dentadas en los bordes y pubescentes. Las flores aparecen de julio a septiembre en inflorescencias redondeadas en los extremos de los tallos, así como en verticilos en las axilas de las hojas; son labiadas, violáceas y su cáliz termina en cinco lacinias. Los frutos están subdivididos en cuatro nuececillas.

HÁBITAT: cunetas, prados pantanosos y orillas. Es muy frecuente.

APLICACIÓN: La menta de agua contiene en sus hojas taninos y aceites esenciales, pero con poca cantidad de mentol. Por ello, a diferencia de la menta, casi sólo la utilizó la medicina popular, que la consideraba un buen remedio para las afecciones estomacales y estimulante de la actividad biliar. Hildegard von Bingen la recomendaba contra la tos irritante.

PARTICULARIDADES

Se caracteriza por ubicarse cerca del agua y por las flores dispuestas a lo largo del tallo.

› La consuelda media (*Ajuga reptans*) tiene los bordes de las hojas lisos.

Hiedra terrestre

Glechoma hederacea

CARACTERÍSTICAS: planta de sólo 5 a 20 cm de altura, con tallo de sección cuadrangular, tallos rastreros desparramados que se empinan en los extremos y hojas opuestas, acorazonadas y con bordes dentados abruptos. Entre abril y junio aparecen florecillas bilabiadas en las axilas de las hojas, con el labio inferior dividido en dos finos lóbulos laterales y uno central más ancho. Los frutos están compuestos por cuatro nuececillas.

HÁBITAT: praderas, pastizales y orillas. Es muy frecuente.

PARTICULARIDADES

En el lóbulo inferior de la flor labiada, la hiedra terrestre presenta una mancha llamativa oscura y con bordes más claros.

APLICACIÓN: las hojas de esta antigua planta medicinal contienen taninos, sustancias amargas, saponinas y aceites esenciales. Desde el punto de vista medicinal, sólo la homeopatía utiliza la hiedra terrestre. La medicina popular la emplea para aliviar la gastroenteritis y las afecciones de las vías respiratorias y para potenciar la cicatrización de heridas.

El tallo del cebollino atraviesa una hoja al brotar.

Cebollino
Allium schoenoprasum

CARACTERÍSTICAS: planta de 10 a 50 cm de altura, con tallos lisos, redondeados, que brotan de un bulbo alargado y crecen en densos bulbillos muy unidos y hojas cilíndricas y huecas. Entre mayo y septiembre aparecen las flores reunidas en umbelas en los extremos de los tallos, de color púrpura o casi rojo rosáceo. Los involucros se envuelven formando un tubo inclinado y los frutos, en cápsula, son insignificantes.
HÁBITAT: por lo general se presenta en cultivos en jardines y huertos; en estado silvestre en orillas de ríos y en los Alpes.
APLICACIÓN: el cebollino contiene vitamina C y alicina, aunque en una concentración menor. Hoy se utiliza exclusivamente fresco como condimento aromático. Los libros de hierbas aromáticas de la Edad Media lo recomiendan contra las flatulencias y para frenar las hemorragias nasales.

PARTICULARIDADES

Son características e inconfundibles sus hojas huecas, similares a la hierba y unidas en densos grupos de bulbillos.

> La col silvestre (*Brassica oleracea*), que pertenece a la misma familia, se cultiva en muchas variedades.

Colza

Brassica napus

Características: planta anual de hasta 1,20 m de altura, con hojas alternas, azuladas e irregularmente liradas. Las flores, de un color amarillo dorado, aparecen entre abril y septiembre agrupadas en racimos. Los frutos son vainas alargadas gachas.
Hábitat: se encuentra casi exclusivamente en cultivos; a veces en estado silvestre en las proximidades de terrenos cultivados.
Aplicación: la colza contiene un aceite muy valioso, ya utilizado desde la Edad Media en la medicina popular y hasta la actualidad para friegas contra los dolores musculares y como base de muchas pomadas. Hoy el aceite de colza se utiliza principalmente en la industria alimenticia, para elaborar margarina, pero también para fines industriales.

Particularidades

Al madurar los frutos, y sobre todo cuando hace sol, los campos de colza exhalan un agradable y fuerte olor aromático.

Mostaza de campo

Sinapis arvensis

PARTICULARIDADES

A diferencia de la mostaza blanca, la vaina de la mostaza de campo carece de vellosidad y tiene semillas de color marrón oscuro.

CARACTERÍSTICAS: planta anual de entre 20 y 60 cm de altura con hojas alternas, profundamente dentadas y flores de un fuerte color amarillo, que aparecen de mayo a octubre en racimos en los extremos de los tallos, con cuatro pétalos y cuatro sépalos. El fruto es una silicua de hasta 4 cm de largo en forma de pico.
HÁBITAT: la mostaza de campo procede originalmente de la región mediterránea, pero ha acompañado en estado silvestre a las distintas civilizaciones en suelos ricos en nutrientes. Es muy frecuente.
APLICACIÓN: como la mostaza negra o la blanca (págs. 86/87), las semillas de la mostaza de campo contienen glucósidos de aceite de mostaza que se usaban en tiempos remotos en cataplasma para aliviar la gota y los dolores de articulaciones. Sin embargo, Hildegard von Bingen no la describe como curativa, sino como el alimento de la gente pobre, ya que produce «jugos malos».

> A través de las prietas vainas de la mostaza negra se observan las semillas negras.

Mostaza negra

Brassica nigra

Características: planta anual de 60 a 120 cm de altura, con numerosas ramificaciones y hojas alternas, las inferiores con lóbulos muy pronunciados y las superiores reducidas y más finas. Las flores amarillas aparecen entre junio y septiembre en racimos dispuestos en el extremo de los tallos. Los frutos son silicuas aplicadas contra los tallos, de sección cuadrangular.

Particularidades

Los cuatro sépalos de la mostaza negra se enrollan hacia dentro. En el interior de la flor encontramos, como en las otras especies de mostaza, cuatro estambres largos y dos cortos.

Hábitat: terrenos arenosos secos y bordes de caminos. También se encuentra como planta de cultivo.

Aplicación: las semillas de la mostaza negra contienen sinigrina, un glucósido de aceite de mostaza que sirve como base en la elaboración de la mostaza. Ya en la Edad Media se aplicaban en la piel cataplasmas de mostaza con semillas molidas para activar la circulación en las personas con afecciones reumáticas y nerviosas. Hoy se desaconseja por el riesgo de que produzca infecciones.

> La mostaza blanca se da en nuestras latitudes en suelos arcillosos secos y calcáreos.

Mostaza blanca

Sinapis alba

CARACTERÍSTICAS: planta anual de 30 a 60 cm, con tallo ramificado y hojas alternas, alargadas, compuestas, muy vellosas y rígidas. Las flores amarillas aparecen de junio a septiembre dispuestas de cuatro en cuatro en racimos en los extremos de los tallos y en las axilas de las hojas. Los frutos son vainas de vellosidad rígida que terminan en forma de pico.

HÁBITAT: región mediterránea y en cultivos en otras latitudes. Es escasa.

APLICACIÓN: en las semillas esféricas de color amarillo anaranjado se encuentra la sinalbina, un glucósido de aceite de mostaza que se utiliza en la elaboración de la mostaza. La mostaza blanca estimula la digestión y tiene un moderado efecto antibacteriano. La homeopatía la utiliza contra los dolores de cabeza y los trastornos digestivos.

PARTICULARIDADES

A diferencia de la mostaza negra, las hojas superiores de la mostaza blanca tienen una profunda hendidura.

> De las incisiones realizadas en tallos, hojas o raíces de la celidonia mayor brota un jugo anaranjado venenoso.

Celidonia mayor
Chelidonium majus

CARACTERÍSTICAS: planta de 30 a 70 cm de altura, con tallos vellosos y hojas alternas, pinnatisectas, muy divididas y vellosas en los bordes. Las flores, que aparecen de mayo a octubre en umbelas terminales, están compuestas por dos sépalos de color amarillo pálido y cuatro pétalos ovales amarillos que caen pronto. El fruto es una cápsula alargada y delgada.

PARTICULARIDADES

Sus principales características son las hojas compuestas, las flores de cuatro pétalos y el jugo lechoso de color anaranjado que brota de la planta si se hace una incisión.

HÁBITAT: setos, muros y bordes de caminos; suelos arenosos y arcillosos húmedos. **APLICACIÓN:** los alcaloides que contiene el jugo lechoso son antibacterianos e inhiben la división celular. En esta propiedad se basa probablemente su uso como remedio contra las arrugas. La fitoterapia y la homeopatía la utilizan en los trastornos del aparato digestivo, de las vías biliares y del hígado.

Galio o hierba sanjuanera

Galium verum

PARTICULARIDADES

Se caracteriza por las inflorescencias amarillas, que exhalan un fuerte y agradable aroma a miel cuando les da el sol.

CARACTERÍSTICAS: planta de 10 a 70 cm de altura, con tallos rastreros, erguidos y de vellosidad media y hojas estrechas, lanceoladas y dispuestas en verticilos en los tallos. De mayo a septiembre aparecen las flores, amarillas y de 2 a 4 mm, en inflorescencias densas y en racimos. Los frutos secos se subdividen en dos.

HÁBITAT: suelos pobres en nutrientes y matorrales. Frecuente.

APLICACIÓN: las partes verdes del galio, que son ligeramente venenosas, contienen entre otras sustancias taninos, glucósidos y flavonoides. En la Edad Media el galio se utilizaba para la elaboración de quesos, ya que sus principios activos, como el cuajo del estómago de los terneros, servían para cuajar la leche. La medicina popular lo usaba como diurético para combatir la retención de líquidos y también contra la gastroenteritis, las heridas y otras dolencias cutáneas. Hoy ya sólo desempeña un cierto papel en homeopatía.

Hierba de la moneda

Lysimachia nummularia

CARACTERÍSTICAS: planta rastrera con un tallo de hasta 50 cm de altura y hojas opuestas, entre ovaladas y redondeadas, y con forma acorazonada en el peciolo. Las flores, de cinco pétalos amarillos, aparecen de mayo a julio solitarias en las axilas de las hojas de tamaño mediano. Los frutos son cápsulas esféricas de 4 a 5 mm de diámetro.

HÁBITAT: orillas, cunetas y bosques caducifolios. Es muy frecuente.

APLICACIÓN: la hierba de la moneda, que hoy se conoce prácticamente por formar un denso tapiz en los jardines, era antiguamente una reconocida planta en la medicina popular. Contiene en todas sus partes taninos y saponinas, y se usaba contra la tos, la diarrea y en uso tópico contra los reumatismos y heridas de difícil cicatrización. Hoy sólo se usa ocasionalmente en homeopatía.

PARTICULARIDADES

Los cinco pétalos casi puntiagudos están unidos en la base, al igual que los cinco sépalos.

Tormentila
Potentilla erecta

CARACTERÍSTICAS: planta vivaz de 10 a 30 cm, con tallos rastreros poco ramificados y erguidos en los extremos y hojas compuestas, con forma de palma de mano y foliolos dentados. De mayo a agosto aparecen las flores individualmente en los extremos, con cuatro pétalos amarillos acorazonados. Los frutos son inapreciables.
HÁBITAT: praderas poco fértiles, brezales y bosques. Es bastante frecuente.
APLICACIÓN: el rizoma de la tormentilla contiene aceites esenciales y taninos. Por su coloración rojiza se ha venido usando desde la Edad Media como coagulante. La fitoterapia la utiliza para elaborar té contra las infecciones estomacales e intestinales, la diarrea y también como enjuague contra afecciones de las mucosas y para efectuar irrigaciones contra las hemorroides.

PARTICULARIDADES

Son características sus hojas compuestas, en forma de palma de mano, y las flores con cuatro pétalos, marcas que la diferencian de la hierba de la moneda.

Anserina

Potentilla anserina

CARACTERÍSTICAS: planta de sólo 5 a 15 cm de altura, con hojas compuestas, con foliolos ovalados y profundamente dentados y dispuestas en rosetas basales y con tallos rastreros de hasta 50 cm de longitud. Se enraiza en los nudos y reproduce más plantas. Las flores solitarias y de cinco pétalos aparecen de mayo a agosto en tallos que brotan entre las hojas. Los frutos, pequeños y muy numerosos, se encuentran en torno al pistilo que permanece.

HÁBITAT: bordes de caminos y orillas. Es frecuente.

APLICACIÓN: la planta contiene en sus partes verdes una sustancia espasmolítica aún desconocida. Los principios activos de la anserina están presentes en muchos medicamentos indicados para la dismenorrea, así como para las afecciones estomacales e intestinales. También se recomienda como enjuague para hacer gárgaras y para combatir la diarrea.

PARTICULARIDADES

Los brotes rastreros con hojas compuestas y vellosas en el envés son distintivos inconfundibles de la anserina.

Cariofilada o hierba de San Benito

Geum urbanum

> **PARTICULARIDADES**
>
> Se caracteriza por las diferentes formas de las hojas de la roseta y los tallos, así como por sus llamativos frutos.

CARACTERÍSTICAS: planta de 25 a 50 cm de altura, con hojas basales en una roseta y hojas caulinares trilobadas. Las flores, amarillas y con cinco pétalos, aparecen de junio a octubre. Los frutos, con pistilo en forma de garfio, son numerosos y están agrupados en una cabezuela.

HÁBITAT: bosques, matorrales, bordes de caminos y jardines. Es frecuente.

APLICACIÓN: las raíces de la hierba de San Benito contienen aceites esenciales con eugenol, sustancias amargas y taninos. El eugenol es similar al aceite de los clavos, de ahí que la cariofilada sirviera antiguamente como sustituto de aquella exótica especia. Es analgésico y desinfectante y se aprecia en la medicina popular como enjuague contra las infecciones en boca y garganta. La homeopatía utiliza la cariofilada contra la sudoración excesiva.

Las florecillas de la agrimonia, de un intenso color amarillo dorado, brotan en espigas delgadas y alargadas.

Agrimonia o hierba de San Guillermo

Agrimonia eupatoria

CARACTERÍSTICAS: planta de 50 a 150 cm de altura, con tallos erectos, casi sin ramificaciones y muy vellosos y hojas alternas, imparipinnadas, que presentan entre 5 y 9 pares de foliolos principales serrados entre los que brotan otros más pequeños. Las flores, de hasta 1 cm de diámetro y amarillas, aparecen entre julio y septiembre en espigas altas y esbeltas. El fruto es seco y está inclinado y rodeado de cinco sépalos que lo encierran.
HÁBITAT: bordes de bosques y caminos, matorrales y praderas poco fértiles. Es frecuente.

PARTICULARIDADES

Entre las hojas principales de la agrimonia se encuentran foliolos mucho más pequeños y serrados.

APLICACIÓN: las sumidades floridas de la agrimonia contienen taninos y aceites esenciales. La medicina popular elabora con ella, gracias a la acción astringente de los taninos, un té que se usa como enjuague contra las infecciones de garganta y para combatir afecciones hepáticas y biliares.

> La angélica silvestre (*Angelica sylvestris*) es más pequeña y sus hojas parecen surcadas por un canalillo.

Angélica

Angelica archangelica

CARACTERÍSTICAS: planta de 1 a 2,5 m de altura, con tallo robusto acanalado, hojas basales de hasta 90 cm de largo y compuestas por foliolos dentados y las hojas del tallo más pequeñas y cubiertas de una vaina membranosa. Las flores de junio a agosto en umbelas grandes y esféricas. Los frutos, acanalados de unos 7 mm de largo.

HÁBITAT: orillas; suelos húmedos ricos en nutrientes.

APLICACIÓN: el rizoma contiene aceites esenciales, resinas y taninos. La medicina la utiliza contra los trastornos estomacales o como aditivo en los licores digestivos de hierbas. Se le atribuye además un efecto diurético y espasmolítico. En tiempos remotos también se utilizaba en sales de baño para aliviar los dolores musculares y nerviosos, así como contra los reumatismos.

PARTICULARIDADES

Sus rasgos más característicos son su considerable altura, las umbelas esféricas y las hojas compuestas con grandes vainas membranosas.

> El hinojo dulce que se consume hoy como hortaliza no tiene ningún valor como planta medicinal.

Hinojo
Foeniculum vulgare

CARACTERÍSTICAS: planta anual o bianual de 80 a 150 cm de altura, con tallos acanalados, hojas basales encajadas entre sí como las de la cebolla y hojas del tallo alternas, divididas varias veces y de aspecto plumoso. Las flores amarillas aparecen entre julio y agosto en una umbela grande. El fruto es un aquenio subdividido en dos frutos de aproximadamente 1 cm de longitud.

HÁBITAT: región mediterránea, aunque desde la Edad Media se cultiva en los huertos de los monasterios. Es poco frecuente en estado silvestre.

APLICACIÓN: esta planta, de fuerte olor anisado, se cultiva en diferentes especies. Los frutos contienen aceites esenciales y saturados. Se recomienda en infusiones o como miel de hinojo por su acción expectorante para combatir eficazmente la tos. Además, contribuye a reducir las flatulencias y a relajar tensiones.

PARTICULARIDADES

Los tallos acanalados del hinojo tienen en su parte superior una ligera coloración azulada. Las hojas se unen al tallo a través de una vaina membranosa.

> Son características las hojas del apio de monte: compuestas y de tacto aterciopelado.

Apio de monte o levístico

Levisticum officinale

CARACTERÍSTICAS: planta de 1 a 2 m de altura, con varios tallos erectos que emergen de un rizoma, hojas basales compuestas y hojas superiores sencillas o lobuladas. Las flores amarillas aparecen de julio a agosto en una umbela grande. Los frutos, de 5 a 7 mm de longitud, poseen cinco profundas estrías y están apiñados.

HÁBITAT: originalmente de Asia, llegó a Europa a través de los huertos medicinales de los monasterios. En estado silvestre se encuentra en cercanías de jardines.

APLICACIÓN: las raíces contienen aceites esenciales. Tiene un efecto diurético y se encuentra en muchas medicinas contra las afecciones de las vías urinarias y los trastornos renales. La medicina popular lo utiliza principalmente como estimulante digestivo y para combatir la tos, pero también para el reumatismo y la gota. Las hierbas frescas sirven, al igual que la raíz, como condimento para la cocina.

PARTICULARIDADES

Al frotar las hojas del apio de monte, éstas desprenden un fuerte olor a caldo maggi, sin embargo no son ingrediente de este producto.

› En estado maduro, los frutos del espino cerval pasan del color verde al negro intenso.

Espino cerval

Rhamnus catharticus

Características: arbusto perenne de 3 m de altura, en ocasiones también arbolillo de hasta 8 m, de corteza marrón oscura casi negra y agrietada, con hojas opuestas, ovaladas y finamente dentadas en el borde. De abril a junio aparecen umbelas de flores verdes casi insignificantes. Los frutos son bayas de color negro mate, con hueso y del tamaño de un guisante.
Hábitat: bordes de bosques, matorrales, setos y praderas. Es poco frecuente.
Aplicación: los frutos venenosos del espino cerval tienen un efecto laxante y por ello son hoy componente de muchos productos laxantes. La medicina popular utilizaba las bayas tomadas directamente, lo que podía producir graves intoxicaciones. Además, estas bayas, que recibían la drástica denominación de «bayas evacuantes», también se usaban como remedio depurativo.

Particularidades

Las ramas del espino cerval, con sus hojas alternas, terminan en una fuerte espina.

Las bayas anaranjadas del espino amarillo, de sabor amargo, contienen las sustancias medicinales. Su zumo fortalece las defensas.

Espino amarillo

Hippophae rhamnoides

CARACTERÍSTICAS: arbusto perenne de 2 a 3 m de altura, a veces también arbolillo de ramas espinosas, con hojas alternas, muy delgadas y de haz verde grisáceo y envés de brillo plateado. Las flores, amarillentas, casi marrones, aparecen de abril a mayo, brotan antes que las hojas y se diferencia según el sexo. En las plantas femeninas aparecen frutos en forma de bayas anaranjadas en densos racimos.

HÁBITAT: lechos secos y arenosos de los ríos y dunas. No es frecuente en estado silvestre.

APLICACIÓN: los frutos comestibles del espino amarillo tienen el contenido más alto de vitamina C de todas las frutas de nuestras latitudes. Como tienen un sabor amargo, suelen prepararse en zumos. Combate los estados de agotamiento y fortalece las defensas ante todo tipo de resfriados.

PARTICULARIDADES

Las ramas espinosas junto con las hojas plateadas resultan un excelente rasgo distintivo del espino amarillo.

Genciana amarilla
Gentiana lutea

CARACTERÍSTICAS: planta herbácea de 50 a 120 cm de altura, con hojas opuestas, ovaladas, lanceoladas y de más de 25 cm. Las flores, amarillas, de cáliz unido y corola de 5 a 6 lóbulos profundos y delgados, aparecen de junio a agosto en verticilos axilares de las hojas superiores. Los frutos son cápsulas en forma de cono de unos 6 cm de largo.
HÁBITAT: se encuentra en praderas y matorrales de las montañas de mediana altura y en los Alpes hasta 2.500 m. Está protegida.

APLICACIÓN: con las raíces de la genciana se elabora el famoso aguardiente. Sus abundantes sustancias amargas también tienen uso medicinal: estimulan la salivación y potencian la curación de trastornos digestivos, estreñimiento e inapetencia. En la región alpina, la genciana también se usaba como remedio antipirético.

PARTICULARIDADES

Fuera del periodo de floración, la genciana se reconoce fácilmente por sus hojas opuestas, que en el envés tienen nervaduras casi paralelas.

> Los puntos claros de las hojas de la hierba de San Juan constituyen ya a simple vista pequeñas bolsitas de aceite.

Hierba de San Juan o hipérico

Hypericum perforatum

CARACTERÍSTICAS: planta de 30 a 60 cm de altura, con tallo erecto que se ramifica en la flor y hojas opuestas, oblongas, de bordes lisos y con puntitos al trasluz. Las flores, de color amarillo dorado y con cinco pétalos delgados y ligeramente perforados, aparecen de junio a septiembre en una inflorescencia suelta en los extremos del tallo. El fruto es una cápsula ovalada de 1 cm de largo.
HÁBITAT: bordes de bosques, matorrales, praderas y caminos; suelos pobres. Es muy frecuente.
APLICACIÓN: las flores contienen, entre otras sustancias, flavonoides, taninos y aceites esenciales. Se utiliza de forma externa en afecciones cutáneas y de forma interna contra depresiones y agotamiento de tipo nervioso. Sin embargo, en combinación con una exposición al sol puede provocar problemas cutáneos.

PARTICULARIDADES

Si se frotan los pétalos amarillos de la hierba de San Juan entre los dedos, sale un zumo rojo denominado «sangre de San Juan».

> Las hojas del gordolobo menor (*Verbascum thapsus*) son aterciopeladas por ambos lados.

Gordolobo

Verbascum densiflorum

CARACTERÍSTICAS: planta bianual, de 50 a 200 cm de altura, con tallo erecto velloso que se ramifica en la región de las inflorescencias y hojas alternas, de hasta 40 cm de longitud. Entre julio y septiembre aparecen las flores agrupadas en espigas altas en las axilas de las hojas superiores; éstas son amarillas, algo más oscuras en el interior, y de hasta 4 cm de diámetro. El fruto es una cápsula bipartida.

HÁBITAT: orillas y terrenos baldíos; suelos ricos en humus.

PARTICULARIDADES

Sólo en el gordolobo los bordes de las hojas que caen en forma de alas llegan hasta la siguiente hoja de la planta.

APLICACIÓN: desde el punto de vista medicinal sólo las hojas desempeñan un papel importante. Contienen mucílagos, saponinas y flavonoides, de efecto balsámico y expectorante sobre la mucosa bronquial. La medicina popular usaba las flores en cataplasma para potenciar la cicatrización de heridas.

> La *Primula elatior* tiene flores de color amarillo claro, cuya corola se abre mucho más.

Prímula

Primula veris

CARACTERÍSTICAS: planta con hojas de 5 a 20 cm de longitud, con bordes irregularmente serrados, haz marcadamente rugoso e insertas en una roseta. Las flores brotan de una roseta de abril a junio y presentan un tallo de 30 cm sin hojas y con cáliz hinchado que abraza los pétalos de un amarillo intenso desde la parte inferior. Los frutos son capsulares y cilíndricos.

HÁBITAT: praderas secas y bosques claros caducifolios; suelos arcillosos ricos en nutrientes. Es muy poco frecuente.

APLICACIÓN: medicinalmente se usan tanto la flor como la raíz de esta planta. Contienen saponinas, y las flores también flavonoides. Los principios activos de esta planta se usan para combatir afecciones de las vías respiratorias y la encontramos en algunos medicamentos. La medicina popular le atribuye a la raíz propiedades para curar el reumatismo.

PARTICULARIDADES

Las flores de la prímula, que suelen orientarse en una misma dirección y apenas se abren, tienen un olor muy agradable.

› En verano, los pequeños capítulos del ajenjo se agrupan densamente en la parte superior del tallo.

Ajenjo o artemisia amarga

Artemisia absinthium

CARACTERÍSTICAS: subarbusto de 30 a 80 cm de altura, con tallos erectos y densamente vellosos y hojas alternas, afieltradas y compuestas. Las flores aparecen de julio a septiembre en miles de cabezuelas en racimos colgantes. Los frutos son secos, duros, de 1,5 mm de largo y no tienen corona.

HÁBITAT: terrenos secos, caminos y muros. En estado silvestre lo encontramos fuera de los jardines.

APLICACIÓN: el ajenjo contiene en sus partes aéreas, entre otras sustancias, flavonoides, sustancias amargas y aceite esencial. Los principios activos de esta planta potencian el apetito y la digestión, y ya en la medicina popular se usaba como remedio vermífugo. En tiempos remotos se elaboraban licores de absintina o ajenjo. Sin embargo, el aceite contiene una sustancia tóxica que a largo plazo produce efectos nocivos para la salud.

PARTICULARIDADES

Se reconoce fácilmente por sus hojas compuestas, afieltradas y de color gris plateado.

> En el litoral, la pluma de príncipe (*Helichrysum arenarium*) presenta flores parecidas, sin embargo las hojas son blanquecinas y afieltradas.

Tanaceto

Tanacetum vulgare

CARACTERÍSTICAS: planta de 40 a 150 cm de altura, con tallos erectos y densamente vellosos y hojas alternas, imparipinnadas y con folíolos serrados en los bordes. Entre julio y septiembre aparecen florecillas terminales amarillas, de 5 a 10 mm y reunidas en corimbos. Los frutos, de sólo 1 mm de largo, no tienen corona de pelos.
HÁBITAT: orillas, cultivos abandonados, bordes de caminos y bosques; suelos húmedos y arenosos.
APLICACIÓN: sus hojas y flores contienen principios amargos y aceite esencial con un componente tóxico: la tuyona. En la Edad Media el tanaceto era considerado un buen remedio contra las lombrices. Desde el punto de vista de la medicina popular esta planta se usa sólo ocasionalmente como vermífugo, contra trastornos digestivos, amenorrea o para cicatrizar heridas.

PARTICULARIDADES

Las densas florecillas terminales agrupadas en corimbos y las hojas similares a las del musgo son las principales características de esta planta.

> La falsa árnica (*Doronicum grandiflorum*) tiene unas flores muy similares, pero las hojas basales son oblongas.

Árnica

Arnica montana

CARACTERÍSTICAS: planta de 20 a 60 cm de altura, con tallo erecto y velloso y hojas basales dispuestas en una roseta, ovaladas, con borde liso o redondeado y ligeramente serrado. De junio a agosto aparecen cabezuelas de flores amarillas. Los frutos, de unos 6 mm de largo, están recubiertos de una corona de vello.

HÁBITAT: Alpes, montañas de mediana altura, brezales y bosques claros. Es poco frecuente en valles y suelos calcáreos. Está protegida.

APLICACIÓN: mientras que antiguamente el uso medicinal del árnica estaba muy extendido, hoy se tiende a desaconsejar su uso interno (infusión) por su toxicidad. Las flores contienen aceite esencial, flavonoides, principios amargos y otras sustancias. Actualmente, determinados preparados utilizan árnica en la elaboración de tinturas y en los procesos de recuperación de afecciones como reumatismos, contusiones, torceduras y fracturas por sus propiedades cicatrizantes y antiinflamatorias.

PARTICULARIDADES

Las hojas basales del árnica, a diferencia de la caléndula, se asientan en el suelo. Del tallo sólo brotan entre una y tres hojas.

Caléndula
Calendula officinalis

PARTICULARIDADES

Los tallos de la caléndula siempre dejan la sensación de estar pegajosos. Las flores tienen hasta 5 cm de diámetro.

CARACTERÍSTICAS: planta anual de 20 a 50 cm de altura, con hojas alternas, oblongas, ovaladas y densamente cubiertas de pelusa. Entre junio y septiembre aparecen cabezuelas terminales de color naranja o amarillo. Las flores son periféricas y liguladas y los frutos curvados, casi anulares.
HÁBITAT: área mediterránea. En zonas donde es planta ornamental, en ocasiones salta de los jardines al campo.
APLICACIÓN: las flores de la caléndula contienen, entre otras sustancias, aceite esencial, flavonoides y principios amargos. Tienen un efecto antiinflamatorio similar al del árnica, pero son inocuas. Se utiliza sobre todo en la elaboración de pomadas para el tratamiento de heridas y úlceras, y además en la elaboración de enjuagues para combatir infecciones de boca y garganta. También la emplea la homeopatía.

Diente de león

Taraxacum officinale

CARACTERÍSTICAS: planta herbácea de 10 a 50 cm de altura, con profundo rizoma y las hojas dispuestas todas en roseta, alargadas y pinnatipartidas. Entre abril y agosto, en ocasiones hasta en otoño, aparecen flores amarillas liguladas, de hasta 5 cm de diámetro, sobre tallos sin hojas. Los frutos poseen vilanos y miden 5 mm de largo.
HÁBITAT: praderas, pastizales, bordes de caminos y jardines. Es muy frecuente.
APLICACIÓN: tanto la completa parte aérea como el rizoma, recolectados antes de que florezca, son apreciados por sus propiedades. Contienen principios amargos, flavonoides y abundante potasio. Estimula la secreción de bilis y es diurético, por ello se utiliza en las afecciones hepáticas y biliares, los trastornos digestivos y las enfermedades reumáticas. La medicina popular usa las hojas frescas para hacer dietas depurativas en primavera.

PARTICULARIDADES

Los tallos del diente de león, que carecen de hojas, son huecos y contienen un abundante jugo lechoso.

Las hojas basales del tusílago, entre las que se encuentran los frutos vellosos, se desarrollan después de la flor.

Tusílago

Tussilago farfara

CARACTERÍSTICAS: planta de sólo 5 a 15 cm de altura, con tallo blando, afieltrado con una pelusilla blanca y cubierto de hojas en forma de escamas y con hojas basales que brotan tras la floración, de hasta 20 cm de largo, cordadas y con pelusilla en el envés. Entre febrero y abril aparecen flores terminales agrupadas en capítulos. Los frutos miden 4 mm y poseen una especie de corona muy peluda.
HÁBITAT: orillas de ríos, cultivos abandonados y caminos; suelos húmedos. Es muy frecuente.
APLICACIÓN: la tisana de tusílago, elaborada con las sumidades floridas y las hojas, fue un excelente remedio casero contra la tos. La planta contiene, entre otras sustancias, taninos y mucílagos. Hoy se sabe que el tusílago posee, además, pequeñas cantidades de alcaloides que pueden ser perjudiciales para el hígado y son considerados cancerígenos. Por ello no es recomendable su uso en exceso.

PARTICULARIDADES

Las flores brotan antes que las hojas basales en unos tallos cubiertos con hojas en forma de escamas.

Celidonia menor

Ranunculus ficaria

CARACTERÍSTICAS: planta de 5 a 15 cm de altura, a veces de hasta 30 cm, con tallos rastreros y hojas alternas, carnosas, cordadas y con bordes dentados. Las flores, individuales, de 2 a 3 cm de diámetro y con entre 8 y 12 pétalos alargados, aparecen entre marzo y abril en las axilas de las hojas. Los frutos son vellosos, de 2 mm de largo y con prolongación recta. Las partes aéreas se marchitan en verano.
HÁBITAT: praderas en valles, bosques caducifolios y matorrales. Es muy frecuente.

PARTICULARIDADES

En las plantas maduras se encuentran yemitas abultadas en las axilas de las hojas pequeñas de las que brotan más plantas.

APLICACIÓN: las hojas jóvenes de la celidonia menor contienen abundante vitamina C, por ello se consumían en ensaladas para prevenir el escorbuto. Pero a medida que madura la planta, produce una sustancia tóxica: la protoanemonina. El jugo de las yemas era considerado un buen remedio contra las verrugas.

Onagra común

Oenothera biennis

> **PARTICULARIDADES**
>
> **Las flores grandes de la onagra florecen en la oscuridad, desprenden un fuerte aroma y se mantienen abiertas hasta el amanecer.**

CARACTERÍSTICAS: planta bianual de más de 1 m de altura, con tallos en la parte superior algo angulosos, a veces con ramificaciones cortas, y hojas alternas de hasta 15 cm, alargadas y lanceoladas. Las flores, que aparecen entre junio y agosto de forma individual en las axilas de las hojas, son de hasta 8 cm de diámetro, acordadas en su parte delantera y poseen cuatro pétalos desiguales. El fruto es una cápsula angulosa de unos 4 cm.

HÁBITAT: Norteamérica; desde el siglo XVII se introduce en Europa como planta ornamental. Se encuentra en estado silvestre en pendientes y orillas arenosas y pedregosas.

APLICACIÓN: contiene abundantes taninos, por lo que la medicina popular usaba sus hojas como remedio contra la diarrea. Sus semillas, ricas en aceite, proporcionan el aceite de onagra, que se utiliza contra las afecciones de la menopausia y la menstruación.

> La forma amariposada del meliloto se detecta si observamos la flor detenidamente.

Meliloto

Melilotus officinalis

CARACTERÍSTICAS: planta bianual de 30 a 120 cm, con tallo de sección angular y leñoso en la base y hojas alternas, compuestas, trifoliadas y con tallos largos. Las flores amarillas aparecen de junio a septiembre en espigas similares a racimos de hasta 10 cm de longitud. El fruto es una legumbre aovada de 3 a 4 mm de largo.

PARTICULARIDADES

Las flores, dispuestas en largos racimos, así como el aroma característico a asperilla olorosa que desprende, son las principales características.

HÁBITAT: terrenos poco fértiles, cunetas y canteras. Es frecuente.

APLICACIÓN: las hojas y las flores del meliloto contienen flavonoides, taninos, mucílagos y cumarina. Se utiliza en la elaboración de remedios contra las enfermedades venosas y la trombosis. La medicina popular lo emplea contra la tos y en cataplasmas contra inflamaciones y úlceras.

› Las cabezuelas de la vulneraria tienen aspecto lanoso debido a las vellosidades del cáliz.

Vulneraria

Anthyllis vulneraria

CARACTERÍSTICAS: planta de 10 a 40 cm de altura, con tallos rastreros o ligeramente erguidos, hojas alternas imparipinnadas y hojas caulinares mayores que los foliolos laterales. De mayo a junio aparecen flores de 1 a 2 cm de largo, dispuestas en glomérulos terminales muy vellosos. El fruto es una legumbre insertada en el cáliz seco.

HÁBITAT: praderas secas, bordes de caminos, bosques claros y matorrales.

APLICACIÓN: tanto las flores como las partes verdes de la vulneraria contienen saponinas y taninos. La fitoterapia no las utiliza, sin embargo la medicina popular las usa recién cortadas y picadas para hacer gárgaras, infusiones o cataplasmas y aliviar así infecciones de garganta, anginas o heridas.

PARTICULARIDADES

El extremadamente velloso cáliz de la vulneraria es un buen distintivo. En los Alpes también encontramos una variedad de flores de un amarillo más oscuro.

› Las flores masculinas del lúpulo aparecen en racimos sueltos.

Lúpulo

Humulus lupulus

CARACTERÍSTICAS: planta trepadora, de 3 a 6 m de altura, que en cultivos puede alcanzar los 10 m, con hojas opuestas, de 3 a 5 lóbulos o compuestas. Las flores aparecen en mayo y son unisexuales en distintas plantas: las masculinas, de hasta 2 o 3 cm, están dispuestas en inflorescencias axilares; las femeninas, en panículas ramificadas. El fruto es un aquenio que aparece en las espigas femeninas.

HÁBITAT: sobre todo en cultivos; casi no existe en estado silvestre.

APLICACIÓN: las inflorescencias del lúpulo, ricas en glándulas, poseen abundantes principios amargos, aceites esenciales, taninos y flavonoides. La fitoterapia y la homeopatía aprecian el lúpulo también como remedio calmante y para combatir el insomnio. La medicina popular lo usa además como estimulante del apetito y de la digestión.

PARTICULARIDADES

Los tallos del lúpulo brotan cada año del rizoma y le sirven a la planta para enroscarse en cualquier soporte.

› Las bayas blancas y las hojas alargadas de color amarillo verdoso son el signo distintivo del muérdago.

Muérdago blanco

Viscum album

CARACTERÍSTICAS: arbusto perenne, que vive de forma parasitaria en otros árboles y puede alcanzar hasta 1 m de diámetro, con hojas oblongas de unos 5 cm. Las flores, que aparecen de marzo a mayo, son verdosas o blancas, diminutas y están dispuestas masculinas y femeninas en distintas plantas. Los frutos, en forma de baya, son blanquecinos y tienen pulpa pegajosa.

HÁBITAT: se encuentra hasta 1.300 m de altura, sólo en regiones con inviernos moderados.

APLICACIÓN: la medicina utiliza todas las partes tóxicas de la planta. Contiene, entre otras, distintas proteínas, flavonoides y sustancias que también encontramos en el sistema nervioso humano. No obstante, su efecto medicinal es muy controvertido. Sólo puede aplicarla el médico en inyecciones contra la arterioesclerosis y la hipertensión o en terapias contra el cáncer.

PARTICULARIDADES

Las ramas son siempre ahorquilladas. Al tacto, las hojas alargadas, sin tallos, son aterciopeladas. Su crecimiento en los árboles hace que sea inconfundible.

Ortiga mayor

Urtica dioica

CARACTERÍSTICAS: planta de 30 a 250 cm, con tallos de sección cuadrangular y hojas opuestas, ovaladas, puntiagudas y aserradas. Las flores y las hojas están abundantemente cubiertas de vello y pelos urticantes. Las flores aparecen entre junio y octubre: las masculinas en espigas erectas en las axilas de las hojas; las femeninas en otras plantas. Tras la fecundación son colgantes. Los frutos son insignificantes.

HÁBITAT: bordes de caminos y terrenos baldíos en cercanías de poblaciones. Es muy frecuente.

APLICACIÓN: en sus partes verdes la ortiga mayor contiene, junto a otras sustancias, acetilcolina, que también se haya en el sistema nervioso humano. Tiene un efecto diurético, sin embargo la medicina popular la emplea básicamente contra afecciones reumáticas y ciática, aplicada de forma externa, estimulando la piel con la planta fresca.

PARTICULARIDADES

Es inconfundible por su altura, las hojas serradas y los pelos urticantes.

> La alquemila alpina (*Alchemilla alpina*) sólo crece en la montaña y sus hojas aparecen más hendidas.

Pie de león

Alchemilla vulgaris

CARACTERÍSTICAS: planta de 25 a 50 cm de altura, con tallos erectos y hojas lobadas, arriñonadas y en disposición similar a un abanico. De junio a agosto aparecen inflorescencias en umbelas con flores amarillentas y verdosas sin pétalos. Los frutos son inapreciables y se encuentran abrazados por el cáliz.

HÁBITAT: bosques, cunetas y prados; suelos arcillosos y húmedos ricos en humus. Es frecuente.

APLICACIÓN: el pie de león contiene, en sus partes verdes, sobre todo taninos. La medicina popular lo usa en enjuagues bucales y contra problemas intestinales. Ya en la Edad Media se creía que podía curar afecciones relacionadas con el ciclo menstrual, y aún hoy es considerada un excelente remedio natural para la salud de la mujer, además dársele un uso relacionado con la belleza femenina.

PARTICULARIDADES

Se distingue por los bordes serrados de sus hojas y la característica forma de las mismas. Cuando el tiempo es húmedo éstas desprenden gotas de agua.

› Las bayas negras de la hiedra son sumamente tóxicas.

Hiedra
Hedera helix

CARACTERÍSTICAS: planta trepadora de hojas perennes que puede llegar a alcanzar hasta 20 m en árboles y otros soportes. Posee hojas lustrosas y en septiembre u octubre aparecen las flores en umbelas globulares. Son de color amarillento, insignificantes y desprenden un agradable aroma a miel. Al año siguiente crecen bayas esféricas y negras.

PARTICULARIDADES

La hiedra tiene dos tipos de hojas: de 3 a 5 lóbulos en los brotes que no florecen y oblongas y de bordes lisos en los brotes con flores.

HÁBITAT: bosques, matorrales, praderas en valles, ruinas y muros y casas.

APLICACIÓN: las hojas de la hiedra contienen, entre otras sustancias, yodo, saponinas y alcaloides. Pueden provocar diarrea y vómito. Además las bayas son particularmente tóxicas. La medicina emplea los principios activos de los mucílagos y espasmolíticos de la hiedra en preparados contra la tos y la bronquitis.

Las flores del tilo de hoja grande (*Tilia platyphyllos*) son muy similares y tienen el mismo efecto.

Tilo de hoja pequeña

Tilia cordata

CARACTERÍSTICAS: árbol de hoja caducifolia, de hasta 30 m de altura, con tronco corto, amplia copa y hojas alternas, redondeadas en la corta punta y acordadas en el peciolo. Las pequeñas flores amarillentas aparecen en junio o julio en umbelas de 4 a 11 flores colgantes. Los frutos son nuececillas esféricas que se pueden aplastar con los dedos.

HÁBITAT: praderas de valles, bosques mixtos y laderas soleadas. También se encuentra como árbol ornamental en parques o calles.

APLICACIÓN: la infusión de tila tiene un efecto estimulante para la transpiración, de ahí que se tome como remedio casero —o incluso industrial— contra los resfriados. También se recomienda para combatir catarros de las vías respiratorias y afecciones de las vías urinarias y renales. La homeopatía reconoce la infusión de tila como remedio contra el reuma.

PARTICULARIDADES

Cada flor nace unida en su base al pezón de una hoja angosta; éste es el rasgo más seguro para distinguir la tila perfectamente.

› De las flores de la artemisa se desarrollan pequeños frutos aquenios.

Artemisa

Artemisia vulgaris

CARACTERÍSTICAS: planta de 50 a 150 cm de altura, con tallos acanalados y hojas alternas, afieltradas en el envés, compuestas y con foliolos a su vez profundamente dentados. Entre julio y septiembre florece en cientos de pequeñas panículas racimosas terminales, presentando numerosos capítulos de coloración amarillenta o marrón. Los frutos miden tan sólo 1,5 mm de largo.

HÁBITAT: cultivos baldíos, caminos y orillas. Es muy frecuente.

APLICACIÓN: las partes verdes de la artemisa contienen un principio amargo y algo de aceite esencial. Posee además tujona en pequeñas cantidades. La artemisa se utiliza casi exclusivamente en la medicina popular en forma de infusiones y como condimento. Estimula el apetito y la producción de jugos gástricos.

PARTICULARIDADES

Los tallos, abundantemente ramificados y de tintes rojizos, se conservan durante todo el invierno

› El llantén menor se diferencia del mayor (*Plantago major*) por sus hojas más estiladas y anchas.

Llantén menor

Plantago lanceolata

CARACTERÍSTICAS: planta de 10 a 50 cm de altura, con hojas basales dispuestas en una roseta, de 10 a 20 cm de largo pero sólo 2 cm de ancho. De mayo a septiembre aparecen en una espiga densa diminutas florecillas ovaladas o incluso alargadas, de color marrón y hasta blanquecinas en el término de un tallo sin hojas. Los frutos son diminutas cápsulas.

HÁBITAT: praderas, veredas y cultivos. Es muy frecuente.

APLICACIÓN: las hojas del llantén menor contienen mucílagos, taninos, flavonoides y ácido salicílico. La fitoterapia moderna lo utiliza por sus efectos expectorantes y calmantes de la tos en las infecciones de boca y garganta y en catarros. La medicina popular reconoce el jugo fresco de las hojas como calmante contra el picor que producen las picaduras de los insectos.

PARTICULARIDADES

Su rasgo más distintivo es la roseta basal que componen las delgadas hojas con una marcada nervadura transversal.

El efecto de las plantas medicinales

La fitoterapia moderna distingue perfectamente si la acción de una planta medicinal está o no testada, y sólo recomienda remedios que hayan sido aprobados medicinalmente. Pero junto a este aspecto existen los conocimientos que han pasado de generación en generación y que se reflejan en las recomendaciones de empleo de la medicina popular. Se trata de valores experimentales, aunque a veces tengan un cierto índice de contenidos místicos. En las descripciones que aparecen en este libro siempre se señala si la planta medicinal es de importancia en la medicina tradicional del pueblo y si también se usa en la fitoterapia moderna.

› Adormidera

› Genciana amarilla

› Salvia

› Arándano

Caléndula

Gayuba

Digital amarilla

ADVERTENCIA

Muchas plantas medicinales son venenosas, es decir, pueden contener sustancias perjudiciales para la salud. En las descripciones siempre se indica su toxicidad, ya que incluso la sobredosificación de plantas moderadamente tóxicas puede tener graves consecuencias.

La presente guía pretende ayudar a reconocer las distintas plantas medicinales en su entorno natural, pero no debe entenderse como una instrucción para recolectar dichas plantas o para automedicarse con ellas. Antes de iniciar cualquier tratamiento con plantas medicinales debe solicitarse la recomendación de un médico o farmacéutico.

Índice alfabético

A–Z

Índice alfabético

A–Z